U0047885

新裝版

3小時讀通

基礎化學

左卷健男、寺田光宏、山田洋一 著

國立臺灣師範大學化學系教授
吳學亮 審訂

陳怡靜 譯

世茂出版

序

我們在生活中會利用各式各樣的物質，例如金屬、陶瓷、尼龍製成的合成纖維、聚乙烯製成的塑膠等。這些物質讓我們的生活更加多彩、便利。

拜現今卓越的化學研究成果所賜，高性能電池、強化纖維、精密陶瓷（由純化的原料製造的高性能陶瓷）等新開發的物質和產品，接二連三地問市。

我們能擁有製造這些物質的高超技術，是因為化學知識的日新月異，研究了物質的結構、性質與反應。

然而，一般人對國中理化、高中化學的印象，大多是「沒有好感」，究其原因，得到的答案通常都是「有好多計算，還要背好多東西」。

造成如此結果的其中一個重要原因是：國中與高中時期所學的化學知識，並沒有實用的知識，也就是說，「學校的教學無法讓學生掌握物質世界的大致樣貌」。因此，本書為了盡量讓讀者輕鬆了解化學的基本知識與應用，輔以豐富的圖像解說。

本書的目標讀者群為一般民眾，包括需要在短時間內建立化學基礎，以吸收化學新知的製造業人員。當然，我也希望「不懂化學，或覺得化學很無聊」的高中生和大學生，能閱讀本書。本書具有三個與眾不同的特色：

特色①

從國中程度開始講解，並使用許多圖片輔助說明，幫助讀者輕鬆掌握化學的基礎。

特色②

針對想要在日常生活中，或工作上，從基礎開始學的人，大膽選出適合的內容。

特色③

以練習題的方式帶領讀者學習較難掌握的化學式與化學反應式。

本書的三位作者都有撰寫國中、高中教科書的經驗，不僅在大學教授基礎化學，指導未來想成為理科教師的學生，也負責了國高中生的實驗教學。其中，我與寺田教授都有在高中教化學的經驗。

為了使本書具備前述的三個特色，確實達到淺顯易懂的效果，以讓讀者有趣地學習知識，我們三位作者嘔心瀝血地完成了本著作。如果成功達成以上目標，代表我們彼此交換意見時引發的熱烈爭論，應該是奏效了。

最後，在此由衷感謝插畫家井上行廣先生畫出可愛又容易理解的插圖，以及科學書籍編輯部的石井顯一先生針對原稿的建議與編輯。

全體作者代表　左卷健男

3小時讀通基礎化學

CONTENTS

CONTENTS

第 1 章

什麼是物質？

化學的研究對象是「物質」。
本章會從「最初的物質是什麼？」開始，針對元素符號、原子、分子、離子、質量守恆定律，以及化學反應式等物質的基礎知識，一一進行解說。

1-01 化學是一門怎樣的學問？——結構、性質與化學反應

化學屬於自然科學的一部分，是一門研究物質的科學，研究內容可分為三個領域：物質的結構、性質與化學反應。

物質的結構就是「什麼原子，以什麼方式構成結構」，「這些原子又是以怎樣的立體方式配置」。物質的性質是指「密度」、「是否溶於水」、「加熱會變成怎樣」、「通電會變成怎樣」、「加入試劑會變怎樣」等，也就是物質的特性。

物質的化學反應可以簡稱為反應。化學反應就是以加熱或通電等方式，分解某一物質，使物質的原子重組，變成與原來不同的物質。總之，化學將物質的結構、性質與化學反應作為研究對象，此三者的關係很密切。

那麼，化學所研究的物質是什麼呢？自然科學（例如化學）是研究「物」的學問。「物」再小也具有質量（重量）與體積；反過來說，具有質量與體積的東西，就是「物」。由於重量的意思包括質量與重量，所以我們使用較為清楚的「質量」，作為科學用語。

不管形狀是否改變、狀態是否改變、處於運動狀態還是靜止狀態、位在地球還是月球表面，物的質量都不會改變。這是實質的量。

在使用上，我們會注意物的形狀、大小、使用方法以及材料等，並加以區別。當我們特別注意形狀與大小等外形特徵，即特別稱這個物為物體，而構成該物體的材料則是物質。也就是說，物質是因材料而受到矚目的。

化學的研究內容大致分為三個領域，
那就是「結構」、「性質」、「反應」。
構造
性質
反應

具有質量與體積的東西，稱為「**物**」。
「物」又可分為「**物體**」與「**物質**」兩個概念，妳知道它們有什麼不同嗎？
物體
注意形狀與使用方法
具有質量與體積
物質
注意構成物體的材料

嗯……

這個燒杯……
當作「物體」，就是「**燒杯**」；當作「物質」，則是指「**玻璃**」。

物體強調形狀和使用方法，物質則是偏重於材料的概念。
原來如此～

1-02 什麼是物質的密度、熔點和沸點？

——物質有固體、液體、氣體三種狀態

物質的質量除以體積（例如 1 cm^3，或是 1 L），即可得出每單位體積的質量，亦即密度。

密度（g/cm^3）= 質量（g）/ 體積（cm^3）

由於不同物質的密度不同，所以密度是辨別物質的線索。密度主要的單位是 g/cm^3，讀作「克每立方公分」。平時我們所說的「輕」、「重」隱含了以下兩種意義：

1 全體質量的大小

2 密度的大小

將各種物質放入液體，有的會浮起來，有的會沉下去。

這種沉浮的現象可藉由密度的概念來理解。若物質密度比液體的密度小，就會浮起來；若物質密度比液體的密度大，就會沉下去。在密度 1 g/cm^3 的水中浮起來的物質，密度比水小；在水中沉下去的物質，密度比水大。氣體同樣適用這個原理，比空氣密度小的氣體，會在空氣中飄浮。

物質的狀態大致分為三種：固體、液體、氣體狀態。以水為例，固體狀態即為冰，液體狀態為水，氣體狀態為水蒸氣。三種狀態同樣是水，型態卻不同；其實不只是水，幾乎所有物質都具有三種狀態。

固體熔化而轉變成液體狀態的溫度，稱為熔點；液體沸騰而轉變成氣體狀態的溫度，稱為沸點。純物質（在化學上的定義是，具有固定的成分，無法用物理方法分離成兩種以上的物質）的熔點、沸點，與量多量少無關；不同物質的熔沸點（溫度）不同，所以可根據熔沸點來分辨物質。

妳知道固體、液體、氣體的差異嗎？
這瓶水是液體吧……
天然水

沒錯，把它放入冷凍庫，可結冰成固體。
放入水壺煮開，就變成氣體。

原來如此，也就是說……

結凍的是固體。
可以咕嚕咕嚕喝下去的是液體。
受熱而蒸發的是氣體。
天然水
天然水
天然水

妳平常都會帶那樣的水來上課嗎？
嗯。

1-03 物質是由什麼構成的？

——什麼是原子的性質？

電腦的材料是金屬、塑膠、液晶顯示器等，這些材料都是由原子所組成的。生物體，也就是我們的身體，也是由原子構成的。

原子具有以下的性質：

- **非常小。**
- **非常輕。**
- **無法再用化學方法分離。**
- **同種原子具有相同大小與質量，不同種的原子則大小與質量都不同。也就是說，原子的質量與大小取決於原子種類。**
- **一種原子不會變成其他種類的原子，原子不會消失，也不會產生新的原子**※**。**

我們現在已經知道，無論什麼樣的物質都是由原子所構成，但是在以前，還未查明組成物質的原子之本質時，大家都認為物質是由少數要素所構成。

純物質用任何方式都無法分成兩種以上的物質，而且我們無法將任兩種以上的物質藉由化學合成方式，組成純物質。我們將組成純物質的基本單元稱為元素。

現在，代表原子種類的元素，大約有 100 種。

※ 二十世紀初期，有人發現原子轉變成另一種原子的現象。那就是鈾原子發出放射線，轉變成另一種原子。這種反應稱為原子的核反應，但原子在一般化學反應中，不會轉變成另一種原子，也不會消失。

①原子無法再分割。
嚇啊！
原子
原子
鏗鏘！
＊此指無法以科學方法再分割

②原子的質量與大小，取決於原子種類。
銅原子
鐵
銅原子1個
銅
64個氫原子
鐵原子
＊1個鐵原子相當於56個氫原子

我們要不要把鐵變成金？
鍊金術
鐵
3、2、1！
嘿！
鏘鏘！
好可惜~還是原來的鐵！
殘念
鐵
鏘！
③原子在化學反應中，不會變成另一種原子，不會消失，也不會產生新的原子。

1g的重量等於……
六千垓個氫原子集合起來的重量。
由此可知，氫原子小而輕！
將六千垓個氫原子收集起來才1g
1g
六千垓個= 600, 000, 000, 000, 000, 000, 000, 000個

1-04 純物質與混合物的關係——混合物可分離出純物質

我們平常接觸的物質，許多都是多種物質的混合體。例如，空氣是由氮、氧、氬等混合而成的物質，而食鹽水是由水和食鹽混合而成的物質。

由氮、氧、水這樣的單一物質所組成的物質，稱為純物質；空氣、食鹽水等由兩種以上的純物質混合而成的物質，稱為混合物。

混合物的組成成分若改變，性質就會跟著改變。在化學上，我們多以純物質為研究對象。因此，將混合物分離出純物質，以獲得純物質的操作方法，是必要的。由混合物分離、純化得到純物質的操作方法，包括過濾、蒸餾、萃取、再結晶、層析※等。

圖 1-4　物質的分離與純化

物質的分離與純化

[過濾]
濾紙可分離液體與固體

※ 層析是指利用試劑內含不同物質的性質差異（疏水性與吸附性等），將純物質從混合物中分離出來。

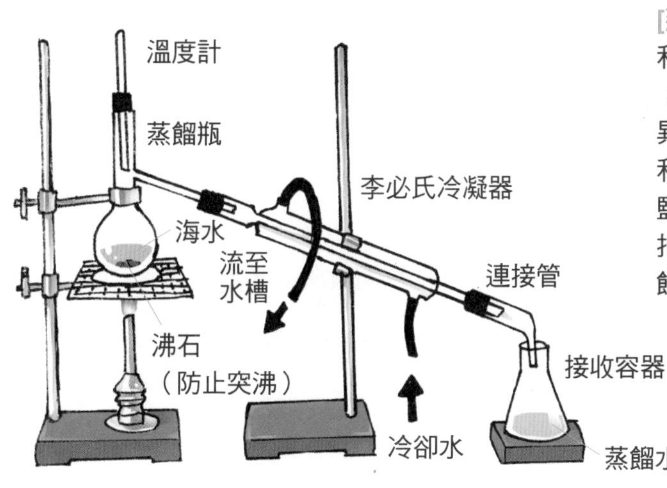

[蒸餾]

利用物質的沸點（沸騰溫度）差異來分離。圖為利用水的沸點與鹽的沸點差異，把海水分離成蒸餾水（純水）。

[萃取]

將目標物質溶於液體，利用物質溶解度的差異來分離，例如咖啡、紅茶、綠茶等，都能用熱水萃取而得。

[再結晶]

利用溶解度的差異來分離，若將物質溶於熱水再冷卻，則少量的雜質仍會溶於水中，但較純的物質會慢慢結晶而分離出來。

1-05 單體與化合物的關係
——化合物能再被分離嗎？

●單體與化合物

將水電解會分離出氫和氧，而水分解所產生的氫和氧則不能再分解成其他物質，如此不斷分解物質，最後就會得到無法再分解的物質，此即「單體」。

單體除了氫和氧，還包括碳、氮、鐵、銀、銅、鋁、鎂、鈉等，大約共有一百種。

因為單體的種類大約有一百種，所以原子的種類大約也有一百種。同一種原子所構成的物質稱為單體，單體不能以化學方法分解，我們不可能再用化學方法來分解原子。

所以已經無法再分解成其他物質的單體，可以說是由同一種原子構成的物質；相對於此，兩種以上的原子構成的物質，則稱為化合物，也就是說，化合物可以分解成兩種以上的物質。

圖 1-5　物質的分解

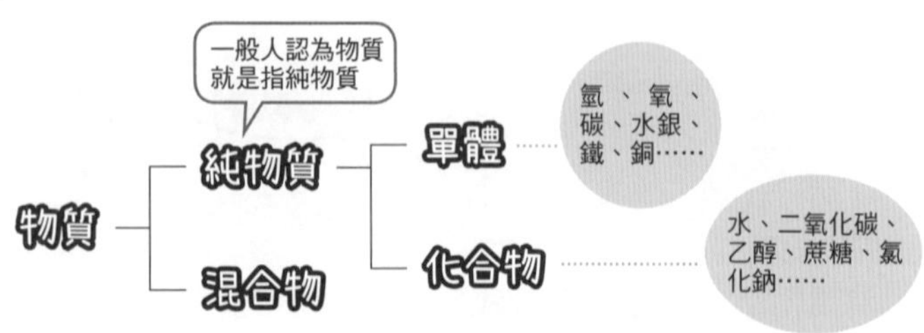

1-06 金屬元素的特徵是什麼？——鈣是什麼顏色？

全世界大約一百種的原子當中，金屬元素約佔八成。很多金屬元素的原子聚集一起，就會形成金屬物質，且具有以下三項性質：

1 具有金屬光澤（例如金色、銀色等特殊光澤）

2 電或熱的傳導性佳

3 延展性佳

性質1令人可輕易分辨金屬。如果光看外觀還是不能分辨是不是金屬，可以檢查有沒有另外兩種性質；2的性質可利用電池與燈泡的簡單工具來檢查；而3的性質只需用力敲打物質，若沒有變碎或成粉狀，即符合此條件。世界上的所有物質幾乎都是由這大約一百種的原子所構成，所以了解金屬等於了解世界上的大部分物質。

金屬光澤是金屬反射光線所致，古時的鏡子就是將金屬表面磨得平滑光亮，利用金屬會反射光線的性質；現在的鏡子則是在玻璃與保護材之間，貼上非常薄的金屬膜來反射光線（玻璃表面鍍一層銀），所以現在的鏡子也是利用金屬光澤的性質。順便一提，古代金屬製的鏡面都暴露在空氣中，所以會生鏽，而使鏡面的映像模糊不清，但現在的鏡子則幾乎沒有這種情形。

具有金屬光澤的銀色仁丹（一種日本製的口服成藥）與鍍銀糖粒（裝飾蛋糕的銀色顆粒）表面都是金屬，覆蓋了一層非常薄的銀。

※ 單體的鈣是金屬，呈銀色。鈣給人的印象是白色，因為鈣的化合物是白色的。

我來介紹一下，這是白兔。
嗨！妳好！
咦？
這隻兔子為什麼會說話……

這只戒指是鉑製成的。
閃亮
因為是金屬，所以戒指會發光喔！

金屬的電傳導與熱傳導性佳。
電池
啪
這只戒指好像在哪裡見過……

金屬戒指一敲，就會擴展成平板狀！
鏗鏗
啊！那是我的戒指！

1-07 元素符號是什麼？——國際通用的元素符號

世界上大約一百種的原子，都能夠以一個或兩個英文字母構成的符號來表示，這種符號稱為元素符號，是世界通用的。

物質是由原子結合而成的分子所構成，例如氫與氧。氫與氧是由兩個相同種類的原子結合而成的分子，水分子則是由兩個氫原子與一個氧原子結合而成的分子。二氧化碳、乙醇與砂糖等分子也是由兩種以上的原子結合而成。

元素符號可清楚標示構成分子的原子種類與數量（圖 1-7）。可將氫分子模型HH的H寫成 H，成為 HH，而由於 HH 是兩個相同的原子，所以應寫成 H_2，將個數寫在右下方。此外，將水分子的H寫成 H，O寫成 O，就是 HOH，接著再將相同的原子集中起來，合寫成 H_2O，即為元素符號的表示方法。

●以元素符號表示金屬

銀與鐵等金屬是由多個原子遵循某種規律構成的，但它們沒有像分子那樣明確的單位，所以我們將一個一個的金屬原子想成一個單位，以一個原子符號來表示。舉例來說，銅是 Cu，鐵是 Fe。除了金屬，也有用相同方式來表示的物質，例如碳即表示為 C，硫為 S。

由金屬元素原子與非金屬元素原子構成的物質，其化學式中的原子並不是分子的形態，舉例來說，氧化鋁是由鋁原子與氧原子以 2:3 的比例結合而成的，表示為 Al_2O_3。

● 化學式是什麼？

氫由 H_2 構成，水由 H_2O 構成，所以 H_2、H_2O 表示的是一個氫分子、一個水分子，同時也代表了氫與水這些物質。這種式子以元素符號來表示純物質的組成原子，稱作化學式。

圖 1-7　表示物質的化學式

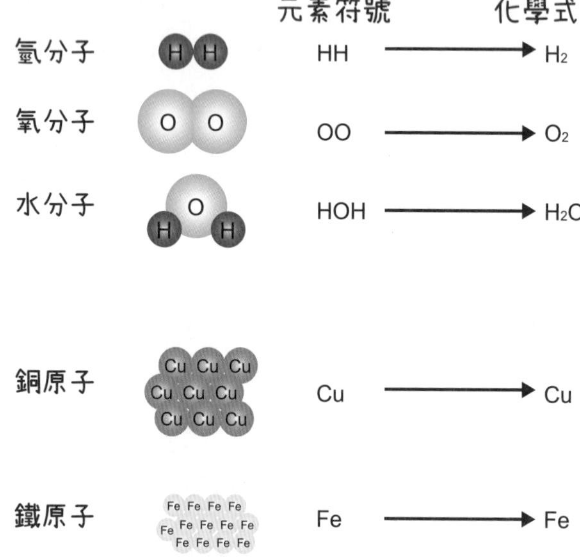

練習 1
原子、分子的模型與化學式

問題 1　（A）～（E）應填入什麼？

氫、氧與氮等氣體，是由兩個相同的（A）組成的（B）所構成，水（C）則由兩個氫（D）與一個氧（E）所構成。

問題 2　請用圖 A 的原子模型來表示以下 1 ～ 5 的分子，並寫出化學式。

1 氧　2 氫　3 氮　4 水（一個氧原子與兩個氫原子結合，角度為 104.5°）　5 二氧化碳（一個碳原子與兩個氧原子結合，呈直線狀）

圖 A

氧原子●　氫原子○　氮原子◎　碳原子⦶

問題 3　若有 100 個水分子，請問其中有多少個氫原子、氧原子？圖 B 為答案的提示。

圖 B

問題 4　水分子解離會產生氫分子與氧分子，請問 100 個水分子解離，會產生幾個氫分子、氧分子？圖 C 為答案的提示。

圖 C

※ 解答在第 53 頁

1-08 什麼是離子？
——離子難以想像，但很重要

物質由原子、分子、離子所構成，其中一般人最難想像的就是離子。

離子是具有正電荷與負電荷（物質攜帶的靜電量）的原子，或原子的集合體（原子團）。

原子是由帶正電荷的原子核，以及帶負電荷的電子所組成。若原子（或原子團）的正電荷數與負電荷數相同，全體正負電荷相加為0，即為電中性。

電中性的原子（或原子團）若失去帶負電荷的電子，正電荷變得比負電荷多，會變成帶正電。帶正電的原子（或原子團）即是陽離子。反之，若原子（或原子團）獲得電子，正電荷變得比負電荷少，會變成帶負電的陰離子。離子是由中性原子（或原子團）的電子得失所造成的。

圖 1-8-1 原子的電子狀態與離子

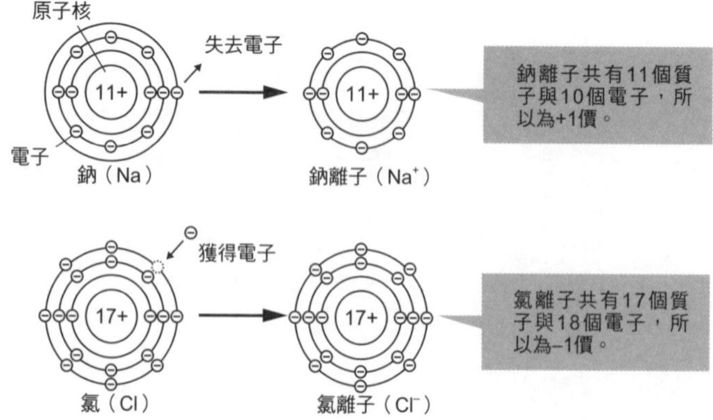

陽離子與陰離子的命名是直接在元素名稱後面加上「離子」。

●離子所組成的物質（離子結晶）

因陽離子與陰離子電性相互吸引而形成的物質，稱為離子性物質。離子性物質是固體結晶，所以又稱為離子結晶。氯化鈉即是鈉離子與氯離子構成的離子結晶。

水溶液中若有陽離子與陰離子，放入電極並施加電壓，就會有電流流通（導電），氯化鈉水溶液、鹽酸、氫氧化鈉水溶液等皆可導電。

可讓水溶液導電的物質稱為電解質，例如氯化鈉。反之，無法導電的水溶液則有蔗糖水溶液、葡萄糖水溶液、乙醇水溶液等。無法讓水溶液導電的物質，稱為非電解質，例如蔗糖。

圖 1-8-2　離子的表示方法

在原子與原子團的符號右上方，加上＋－記號，就是離子。數字代表電子數量（多出或缺少的電子數，1可省略不寫）。

[陽離子的例子]

H^{+}	Na^{+}	Mg^{2+}	K^{+}	Al^{3+}
氫離子	鈉離子	鎂離子	鉀離子	鋁離子

[陰離子的例子]

Cl^{-}	OH^{-}	SO_4^{2-}	CO_3^{2-}
氯離子	氫氧根離子	硫酸根離子	碳酸根離子

● 離子直接用元素名稱來命名。

練習 2

離子名稱與離子性物質的化學式

如下表左上角的 NaCl，請用同樣方式，以離子性物質的化學式（例如 NaCl）與名稱（例如氯化鈉），填滿所有的空格。

陽離子 ／ 陰離子	Na^{+}	K^{+}	Mg^{2+}	Ca^{2+}	Al^{3+}
Cl^{-}	NaCl				
	氯化鈉				
OH^{-}					
NO_3^{-}					
SO_4^{2-}					
CO_3^{2-}					

※ 解答在第 54 頁

1-09 相較於無機物，有機物特有的物質是什麼？

——關鍵在於有沒有碳

有機與無機的「機」，怎樣算「有」，怎樣算是「沒有」呢？

「有機物」的「有機」意指活著、有生命力，所以生物稱為有機體。砂糖、澱粉、蛋白質、醋酸（醋的成分）、酒精等物質也屬於有機物，這些有機物（有機化合物）是透過生物體的作用所產生的物質，因為是「有機體製造的物質」，所以命名為有機物。相對於此，無機物是未透過生物體作用產生的物質。

有機物長期以來都被認為只能藉由生物體的作用來產生，無法藉由人力（人工方式）製造。這樣的想法支配著化學直到十九世紀初，由此可知，有機物是特別的物質。

●有機物的現代定義為「骨架是碳原子的物質」

然而，一八二八年德國化學家弗里德里希．烏拉（Friedrich Wöhler）發現，可以用人工方式，利用無機物製造有機物（尿素）。對當時的化學家而言，有機物可利用與生命無關的無機物製造，是非常令人震驚的事。

之後，人們越來越了解有機物的結構。以前這些有機物被認為無法藉由人工方式製造，但現在許多有機物都能在實驗室與工廠以人工方式製造。因此，現在已經無法用「生物體的作用」來區分有機物與無機物了。

相較於無機物，有機物有很多特徵，所以現在仍繼續使用有機物這個名詞來區分兩者。目前推測在五千萬種以上的物質中，有九成以上屬於有機物。其中，有很多有機物並不存於大自然。因此現在我們將有機物定義為「以碳原子為骨架，且可能含有氫與氧等原子的物質」。

烘烤有機物會產生碳，而且燃燒有機物會產生二氧化碳，這表示有機物含有碳原子。此外，無機物即指「非有機物的物質」。

圖 1-9 自然界的物質分類

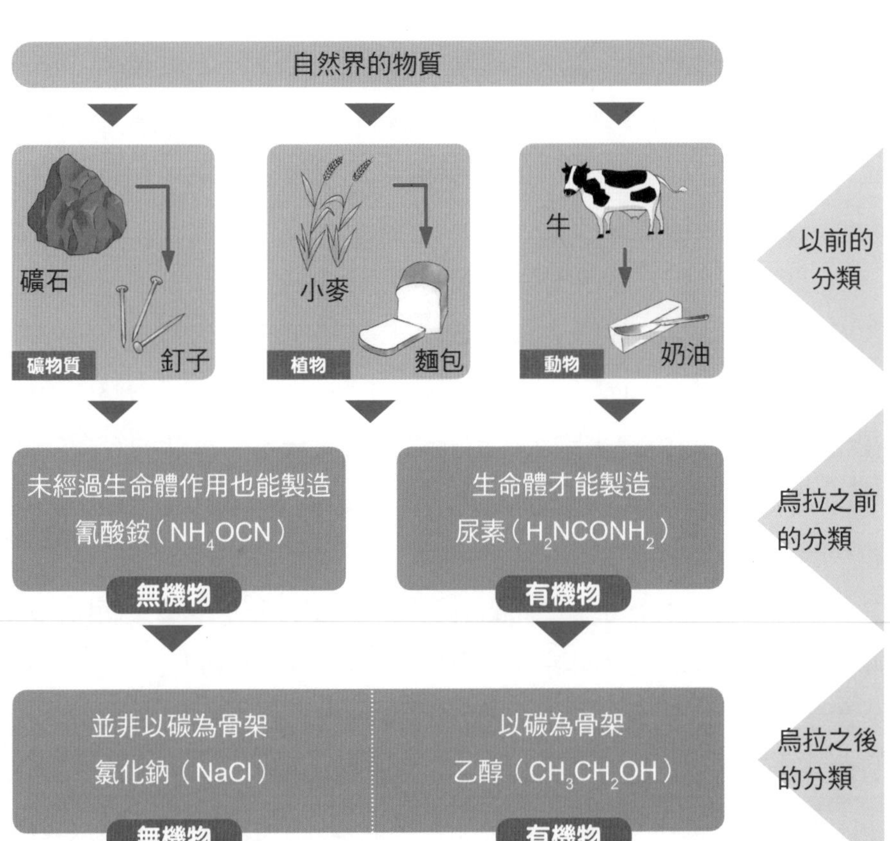

※ 甲烷（CH_4）是只含一個碳原子的碳化合物，但我們通常會將一氧化碳、二氧化碳、碳酸鈣等碳酸鹽，視為無機物。

1-10 什麼是物質三態？
——固體、液體、氣體的分子與原子狀態

物質在固體、液體、氣體三種狀態下，構成物質的原子或分子發生了什麼事？

我們來探討分子構成的物質吧！不管是分子、原子或是離子構成的物質，基本上都具有相同道理。

分子會互相吸引、激烈地運動，稱為分子運動。溫度越高，分子運動越活潑；而分子運動越活潑，各個分子就越容易散開。也就是說，分子雖然會互相吸引，但也會因為分子運動而散開，物質的狀態即取決於吸引與運動的平衡。

在固體狀態下，因為分子之間的吸引力較強，所以分子運動速度較慢，整齊地排在一起。在液體狀態下，分子還是會互相吸引，但分子運動速度變得比固體快，所以分子的排列開始變亂，不會整齊地待在相同位置，而會跑來跑去，因此液體可填滿不同形狀的容器。此外，相較於固體狀態，液體狀態的分子活動範圍更廣，因此體積比固體狀態大（水為例外）。

在氣體狀態下，分子之間的吸引力消失了，分子一個一個自由地運動，但因為氣體分子非常小，所以我們無法直接看到。一般物質在氣體狀態下，我們並無法看到它的粒子，若看到了粒子，那絕對不是氣體分子，而是固體或液體的粒子。而且無論固體或液體的粒子有多小，也不是只有一、兩個分子，而是有很多分子聚在一起，所以我們才看得到。

舉例來說，煙是很細小的固體或液體粒子，這個粒子雖然很小，但還是比原子、分子大很多，因此可用肉眼看見，看得見的白色熱氣與雲都是如此。

圖 1-10 氣體、液體與固體的關係是什麼？

氣體

分子一個一個分散地激烈運動，分子間的距離較大，沒有固定的體積與形狀。

液體

固體

分子互相吸引，做雜亂的旋轉運動，分子間的距離比固體大，但變化並不大。體積固定，但形狀不固定。

分子規則排列，只會微微振動，體積和形狀都是固定的。

1-11 什麼是波以耳定律、查理定律？

——氣體承受壓力會收縮，加熱會膨脹

氣體的壓力與體積有著以下關係：溫度固定時，氣體的體積 V 與壓力 P 成反比。這稱為波以耳定律，可表示為 PV = k（k 為定值）。

當氣體體積膨脹至兩倍，單位體積所包含的氣體分子數量會減半，所以粒子衝撞器壁（氣體容器的內側壁面）的次數也會減半。因此，溫度在一定的條件下，氣體壓力也會減半。

氣體的體積與溫度有著以下關係：壓力固定時，溫度 t（℃）上升 1℃，氣體的體積 V 會增加 V_0（0℃時的體積）的 1/273，這稱為「查理定律」。因為溫度變高，氣體分子的熱運動速度加快，所以在相同壓力條件下，體積會增加。

根據查理定律，假設 –273℃的氣體體積為 0，則該溫度稱為絕對零度。我們利用與攝氏溫度一樣的刻度間隔，將 –273℃定為 0 度，並將此溫標稱為絕對溫度，可用單位符號 K（卡爾文，克氏）來表示。

在絕對零度下，分子的熱運動會停止，因此一般物質不可能出現比絕對零度低的溫度，而在低於 0.1K 的極低溫狀態，即能看見在常溫下絕對無法觀測到的奇異現象，例如超傳導、超流動。

在絕對溫度下，圖 1-11-2 的斜直線會通過原點，這可以表示成定律：壓力若固定，氣體體積 V 與絕對溫度成正比。以 T 代表絕對溫度，即可表示為 V = k'T（k' 為定值）或 V/T = k'。

圖 1-11-1 波以耳定律

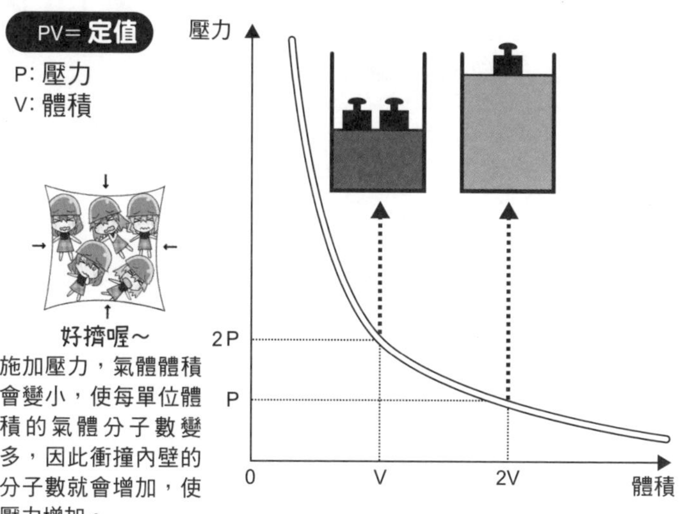

圖 1-11-2 查理定律

$\frac{V}{T}$= **定值**

V: 體積
T: 絕對溫度

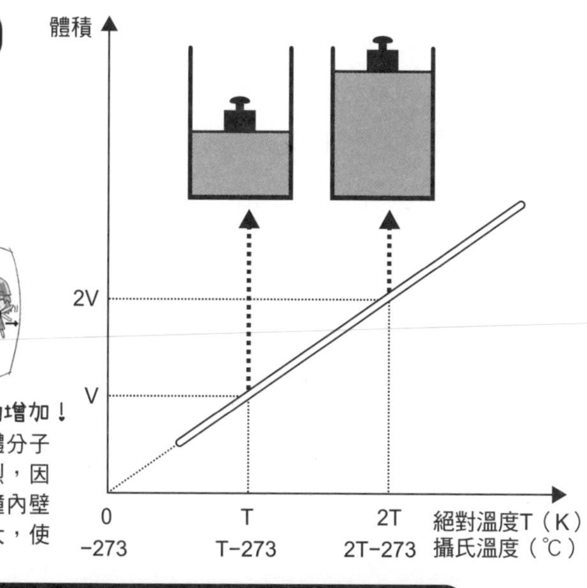

溫度上升，運動增加！

溫度上升，氣體分子的運動會變激烈，因此氣體分子衝撞內壁的衝擊力會變大，使體積增加。

絕對溫度 T（K）＝攝氏溫度（℃）＋ 273

1-12 物理變化與化學變化有何不同？——產生新物質就是化學變化

水、冰與水蒸氣的變化，是物質的三態變化（固體、液體、氣體）。水、冰與水蒸氣都是由水分子 H_2O 構成，只是水分子的「集合狀態」不同，但物質本身並未改變。這種物質本身並未改變的變化，稱為物理變化。

相對於此，點燃塑膠袋中的氫或氧，會產生爆炸與水。此時，原有的物質消失，產生新的物質，這樣的變化稱為化學變化（化學反應）。

我們燒瓦斯、燒熱水、燒飯煮菜所用的瓦斯，成分是天然氣或 LP 氣體（Liquefied Petroleum 液化石油氣）。天然氣是以甲烷為主成分的氣體，LP 氣體則是以丁烷與丙烷為主成分。這些都屬於碳氫化合物，由碳與氫構成。

燃燒這些氣體，碳氫化合物的碳會變成二氧化碳，氫會變成水，產生燃燒的化學變化，而我們利用的即是此反應所產生的熱。

這種產生熱的化學反應，稱為放熱反應。反之，也有吸收熱的吸熱反應，但我們生活中的化學變化還是以放熱反應為多。

為什麼會放熱與吸熱呢？請從「製造原子或分子」的角度來思考吧！

原子與分子的粒子散開時，溫度會下降（強行分離相互吸引的物質需要能量，若能量無法從他處獲得，即會透過降低本身的溫度來提供能量）。

反之，分散的物質要結合在一起，溫度就會上升。粒子「接觸時發熱，分開時冷卻」，好像在人的世界也通用。

圖 1-12 放熱反應與吸熱反應

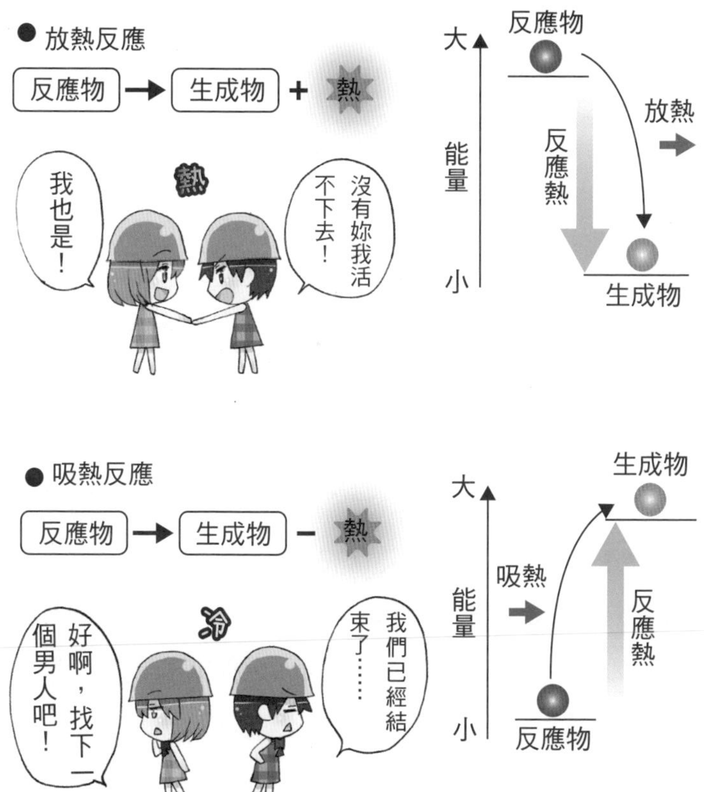

1-13 什麼是質量守恆定律？

——化學變化前後的質量不變

在空氣中燃燒紙張、木材與蠟燭等有機物，物質會慢慢消失、變輕。燃燒蠟燭，蠟燭會與氧起反應，產生二氧化碳與水（水蒸氣）。然而，在空氣中燃燒鋼絲絨（鐵），鋼絲絨則會變重，這是因為產生了氧化鐵。

這兩種燃燒的共通點在於都是與氧產生反應，這稱為**氧化**反應，而氧化反應產生的物質稱為**氧化物**。產生熱與光的激烈氧化反應，則特別稱為「**燃燒**」。

在密閉空間內燃燒，物質燃燒前後的質量不會改變，因為化學變化前後的原子種類與數量皆不變，所以原子全體的質量依然相同。

有機物燃燒後看似變輕，是因為二氧化碳與水蒸氣跑掉了；金屬則是與氧結合，燃燒後才會看似變重。

在密閉容器中進行化學變化，物質化學變化前後的整體質量不會改變，此即**質量守恆定律**。質量守恆定律會成立，是因為在化學變化前後，構成物質的原子「組合」雖然改變了，但整體看來，參與反應的物質，原子種類與數量皆不改變。所以反應後「如果有某物增加質量，是因為它結合了某種物質」；反之，「如果某物減少質量，是因為它失去了某種物質」。而質量守恆定律不僅適用於化學變化，也適用於所有的物質變化。

圖 1-13-1 什麼是燃燒？

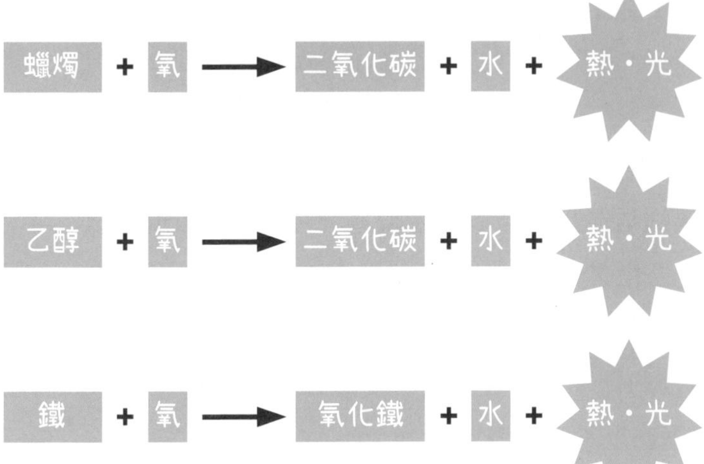

圖 1-13-2 物質與質量（重量）的關係

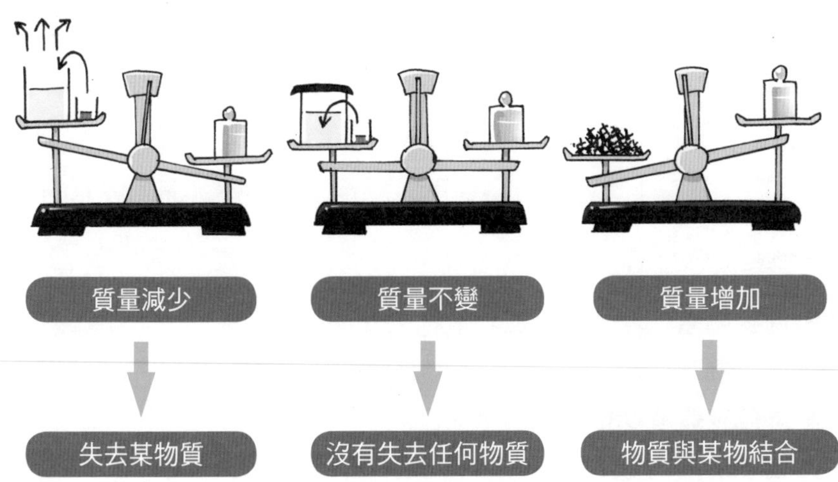

1-14 什麼是化學反應式？——化學變化的表示方法

使用化學反應式可以簡明扼要地表示化學變化。而且，以各物質的化學式為基礎組成化學反應式，即可預測化學變化的走向，也可幫助我們思考化學變化會以什麼材料與方式來產生新物質。

化學反應式的使用可依循下列規則：

1 反應物的化學式寫在左邊，反應後產生的物質化學式寫在右邊，左右兩邊以箭號→連接。

2 加上係數，使兩邊的原子數相等，係數若是 1 即不需要寫出來，而且係數要採用最簡單的整數比。

2要求「加上係數，使兩邊的原子數相等」，這是因為**要符合質量守恆定律，反應物的原子經過反應也不會消失**。

練習一下吧！下面請寫出氫與氧結合（氫燃燒）而生成水的化學反應式。

1 反應物寫在左邊，生成物寫在右邊。

氫 + 氧 → 水

2 每個物質皆以化學式表示。

$H_2 + O_2 \rightarrow H_2O$

此時，兩邊的 H 數量相等，但 O 的數量不相等。

3 為了使兩邊 O 的數量相等，增加一個 H_2O。

$$H_2 + O_2 \rightarrow H_2O$$
$$\qquad\qquad\quad H_2O$$

O 數量相等了，但 H 的數量卻變得不相等。

4 為了使兩邊 H 的數量相等，加上一個 H_2。

$H_2 + O_2 \rightarrow H_2O$

H_2 H_2O

兩邊的原子數量終於相等了。

5 兩個氫分子表示為 $2H_2$，兩個水分子表示為 $2H_2O$，所以化學反應式如下：

$2H_2 + O_2 \rightarrow 2H_2O$

※ 有熱量進出的化學反應式，能以等號（＝）連接反應物與生成物，目標物質的係數則設為 1。

圖 1-14 甲烷（天然氣主成分）燃燒的化學反應式

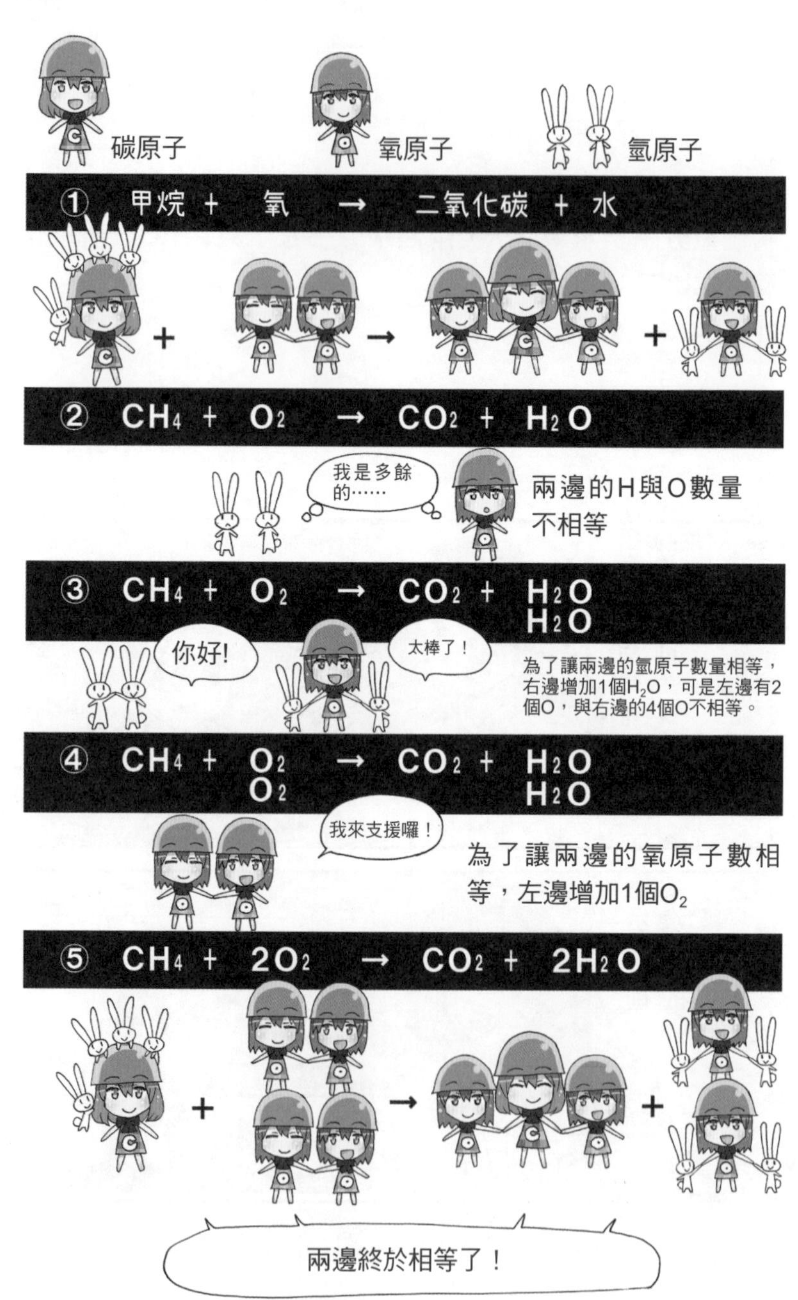

練習 3

寫出化學反應式

問題 1 乙醇（C_2H_6O）燃燒

提示：生成二氧化碳與水

問題 2 甲醇（CH4O）燃燒

提示：生成二氧化碳與水

問題 3 鎂燃燒

提示：生成 +2 價鎂離子與 –2 價氧離子所構成的物質

問題 4 鋁燃燒

提示：生成 +3 價鋁離子與 –2 價氧離子所構成的物質

問題 5 鋅與鹽酸反應

提示：生成氯化鋅（+2 價鋅離子與 –1 價氯離子所構成的物質）以及氫氣

問題 6 碳酸鈣與鹽酸反應

提示：生成氯化鈣（+2 價鈣離子與 –1 價氯離子所構成的物質）、水、二氧化碳

※ 解答在第 55 頁

若還沒習慣寫化學反應式，可以**先用中文寫**！
嗯，我不會寫化合物的中文名稱……

妳要認真學國文呀！
我先用注音寫吧！

怎麼覺得連注音都怪怪的……
顫抖
顫抖
真是笨蛋
妳啊！

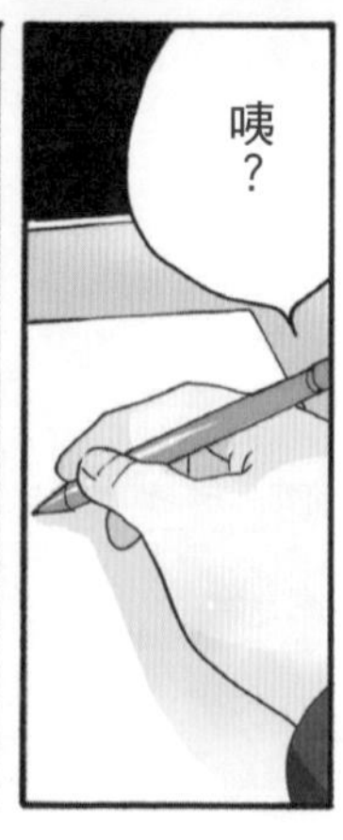
咦？

1-15 什麼是氧化？什麼是還原？——沒有氧也會發生氧化與還原

鎂（Mg）燃燒會產生白色氧化鎂（MgO）。像這樣，某種物質與氧結合，稱作「物質被氧化」，亦即氧化反應；氧化銅與碳反應，會產生銅與二氧化碳。像這樣，某種物質失去氧原子，稱作「物質被還原」，稱作還原反應。

使物質氧化的反應物（自己被還原）稱為氧化劑，使物質還原的（自己被氧化）則稱為還原劑，所以在氧化銅與碳的反應中，氧化銅為氧化劑，碳為還原劑。

●氧化、還原與電子交換

鎂（Mg）與氧反應，會生成氧化鎂 MgO，因為 MgO 是由 Mg^{2+} 與 O^{2-} 構成的，鎂原子提供了兩個電子給氧原子，由此可見，某個原子被氧化會失去電子 e^{-}。

將鎂放入鹽酸，會產生氫氣且漸漸溶化，此時，鎂原子提供了兩個電子給鹽酸，形成鎂離子 Mg^{2+}。

Mg 無論在哪一種反應中，都會提供（失去）電子給另一個反應物而變成 Mg^{2+}。通常，原子失去電子，即稱為「原子被氧化」。

另一方面，鎂、氧與鹽酸的反應中，氧原子與氫原子分別接受了電子，生成氧離子 O^{2-}、氫分子 H^{2}。通常，原子接受電子，即稱為「原子被還原」。

在化學反應中，如果有某個原子失去了電子，就會有原子接受它失去的電子，因此氧化與還原是相對的，並且會同時發生，此即合稱為氧化還原反應。以電子的轉移來定義氧化還原，比以氧的得失來定義，更加廣義。

圖 1-15-1　氧化會失去電子

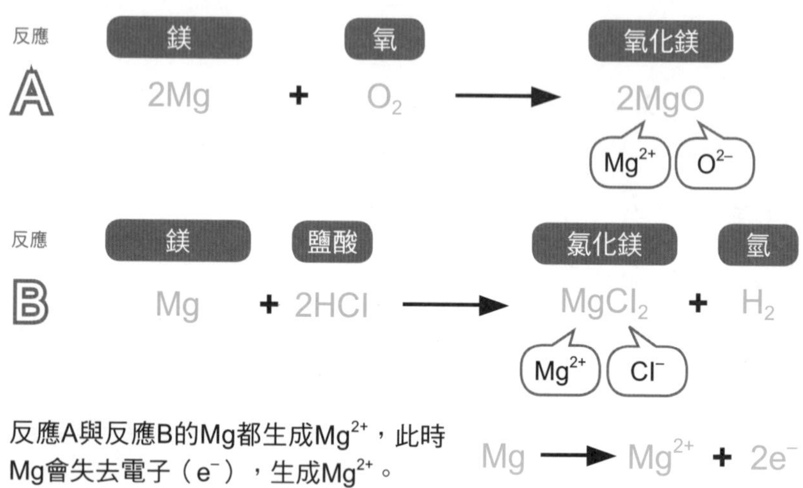

圖 1-15-2　氧化與還原同時發生

1-16 什麼是酸性？什麼是鹼性？

——酸性的強度以pH值來表示

●酸性水溶液

食用醋與檸檬都有酸味，酸味的物質都含有酸。酸包括鹽酸、硫酸、醋酸、檸檬酸等。

食用醋含有醋酸，檸檬含有檸檬酸，這些酸性水溶液都具有下列性質：具有酸味，可溶化鎂、鋅、鐵等金屬，亦可使藍色的石蕊試紙變成紅色。

我們將這些酸性水溶液的共通性質稱為酸性。所有的酸都含有氫原子，氫原子溶解會變成氫離子 H^+，舉例來說，鹽酸的化學式為 HCl、硫酸的化學式為 H_2SO_4，它們的 H 在水中會解離而生成氫離子。

酸是一種溶於水會釋放氫離子 H^+ 的物質，所以酸性是以氫離子 H^+ 的濃度為判斷依據。

●鹼性水溶液

氫氧化鈉（NaOH）、氫氧化鉀（KOH）等鹼性水溶液都具有下列性質：會使紅色的石蕊試紙變成藍色、和酸反應會抵消自己的鹼性。

這些化合物的性質稱為鹼性。鹼是一種溶於水會釋放氫氧根離子 OH^- 的物質，所以鹼性是以氫氧根離子 OH^- 的濃度為判斷依據。

●表示酸性、鹼性強度的標準：pH 值

pH 值是表示酸性強度的標準，由水溶液的氫離子濃度來決定 pH 值。

pH 值介於 0 ～ 14 之間，中性的 pH 值為 7，小於 7 為酸性，大於 7 為鹼性，小於 7 越多則酸性越強。pH 值增加 1，水溶液的氫離子數量就會變為原來的十分之一；pH 值減少 1，則水溶液的氫離子數量會變為原來的十倍，所以 pH3 的氫離子數量是 pH7 的 10×10×10×10 倍，即一萬倍。

圖 1-16　生活中常見的水溶液 pH 值

酸性　　　　鹼性

pH　0　1　2　3　4　5　6　7　8　9　10　11　12　13　14

藍色墨汁pH0.8~1.5

胃液pH1.5~2.0

白砂川（位於日本群馬縣草津）的水pH2.5

檸檬約為pH2.5

蘋果約為pH3.0

乳酸菌飲料pH3.7

皮膚pH4.5~6.0

牛奶約為pH6.2

血液pH7.42

眼淚pH7.2~7.8

海水pH8.0~8.5

肥皂水pH10~11

pH小於7為酸性，大於7為鹼性！

1-17 什麼是中和反應？——產生水和鹽類

酸和鹼反應，彼此的性質會相互抵消，此變化稱為**中和反應**。因為造成酸性的氫離子與造成鹼性的氫氧根離子反應後都會消失，所以酸性、鹼性都消失了，氫離子與氫氧根離子則結合成水。中和可以說是酸的氫離子與鹼的氫氧根離子作用，而產生水的反應。

請思考鹽酸（HCl）與氫氧化鈉（NaOH）水溶液的中和反應。H^+ 與 OH^- 結合成 H_2O，但 Na^+ 與 Cl^- 還是處於分散的狀態（解離狀態），因此產生了氯化鈉水溶液。**實際上有反應的只有 H^+ 與 OH^-**，而水蒸發即會得到氯化鈉結晶。離子反應式中，Na^+ 與 Cl^- 是處於分散的狀態，化學反應式如下：

$HCl + NaOH \rightarrow NaCl + H_2O$

鹽酸 + 氫氧化鈉 → 氯化鈉 + 水

中和一定會產生「水」，此外，酸的陰離子與鹼的陽離子還會結合成「**鹽類**」。

酸 + 鹼 → 鹽 + 水

鹽酸與氫氧化鈉中和會產生氯化鈉（NaCl）的鹽類。酸與鹼的種類不同，產生的鹽即不同，可減弱酸性的不只是具有 OH^- 的鹼，只要能抵消酸的氫離子 H^+ 即可減弱酸性，例如將碳酸鈣放入鹽酸或硫酸等酸性水溶液，即會產生二氧化碳，並漸漸溶解，此時酸的氫離子會消失。

圖 1-17　鹽酸與氫氧化鈉水溶液的中和反應

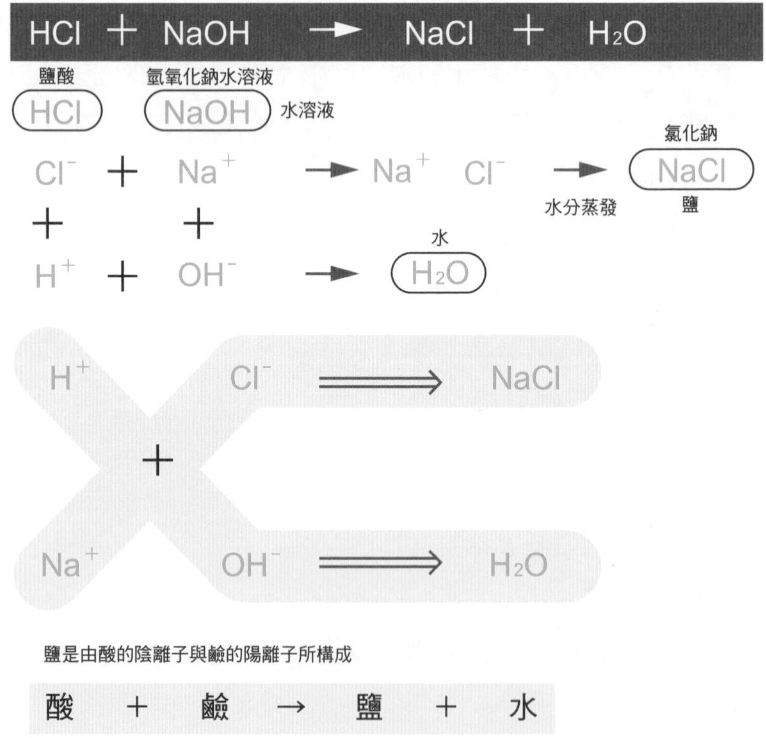

專欄

為什麼不同的物質會有不同的熔點與沸點？

——粒子的鍵結力越強，熔點、沸點越高

熔點是從固體狀態轉變為液體狀態的溫度。而粒子的鍵結力越強，需要越高的溫度才能減弱鍵結力，所以熔點會越高。

當液體沸騰變成氣體，液體內部粒子的相互鍵結會被切斷而分散開來，液體的粒子鍵結力越強，則必須在越高的溫度下才能沸騰，換句話說，沸點越高，表示粒子的鍵結力越強。下圖是鐵（Fe）的狀態變化，它在室溫（25℃）下為固體，2000℃下為液體，3000℃下則為氣體。

圖 鐵（Fe）的狀態變化

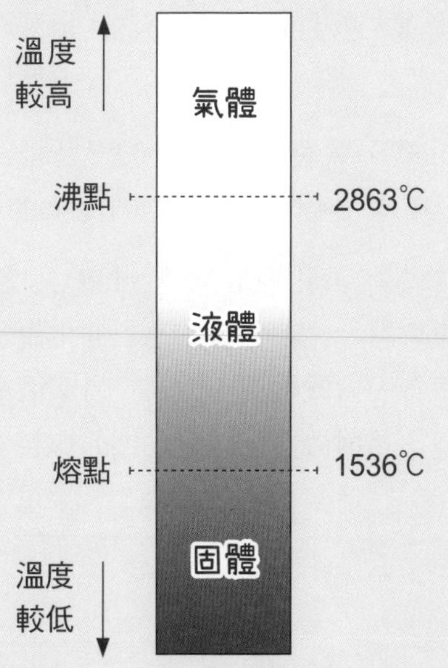

表 物質的熔點與沸點

物質	熔點	沸點
氧氣	–218℃	–183℃
氫氣	–259℃	–253℃
氮氣	–210℃	–196℃
鋁	660℃	2520℃
金	1064℃	2857℃
銀	962℃	2162℃
鐵	1536℃	2863℃
銅	1085℃	2571℃
氨氣	–78℃	–33℃
乙醇	–115℃	78℃
氯化鈉	801℃	1485℃
萘	81℃	218℃
氧化鎂	2800℃	3600℃
水銀	–39℃	357℃

※1 大氣壓下

專欄

石油與原油有何不同？

——石油是原油分餾的產物

一般人會將石油想成無色液狀的燈油，例如煤油爐即是以石油為燈油。

從油田採來的石油，不同產區有不同品質，顏色從無色、綠色、紅褐色到黑色都有，密度約為 0.7 ～ 0.5g/cm^3，密度小於水，但有極少數石油會沉於水中，因此石油有分清爽和黏稠的種類。

為了明確指稱一般的石油，而不要與具有固定規格的燈油混為一談，我們常常會根據情況稱石油為原油，廣泛地代表未經處理的石油。

原油是各種碳氫化合物（結合碳原子與氫原子的物質）組成的混合物。分餾原油即可依沸點的差異，產生氣體、粗汽油（粗製汽油）、燈油與輕油等。

石油在常溫～ 300℃下可再分餾出氣體，30 ～ 2000℃為粗汽油，150 ～ 2700℃為燈油、250 ～ 350℃為輕油，剩餘的則為殘油。

這些氣體加壓液化即會變成燃料（液化石油氣體，LPG）；粗汽油大部分會成為汽油，作為汽車燃料，一部分會作為石油化學工業的原料，做成合成樹脂、合成纖維、合成橡膠、塗料、合成清潔劑等；燈油與輕油則用於家庭燃料、噴射機與柴油發動機的燃料；殘油則成為潤滑油與瀝青原料。

專欄

何謂燃燒？
——物質與氧反應

燃燒就是「物質和氧起激烈反應，發出熱與光」。這裡的氧是指由兩個氧原子構成的氧分子，是分散於四處、快速飛來飛去的 O_2，在空氣中的含量約有 21%。

氧（O_2）會與其他物質結合，產生氧化物。而此反應會放熱，不同物質可能會釋放不同程度的熱，亦即肉眼可見的「發光」現象。而此時的「物質」即為燃料。

我們會將碳、氫構成的物質（有機物）當作燃料，例如木材、石油、天然氣（甲烷）、丙烷氣體等。以木材燃料為例，木材的有機物是經由太陽光的能量，以二氧化碳與水製造出來的，製造過程會產生氧氣（O_2），所以木材可說是「充滿太陽光能量的罐頭」呢。

太陽能

↓

二氧化碳 + 水

↓

有機物 + 氧

反之，木材燃燒是將能量以熱和光的形式釋放出來，我們在生活中常會運用此反應。

專欄

為什麼要將石灰倒入日本吾妻川？

——為了中和水中的硫酸

日本群馬縣的草津，有一條流經白根火山附近的吾妻川，由於水中含有硫酸（H_2SO_4），魚類無法生存，植物也無法生長，甚至有「毒水」的稱號。鐵與混凝土遇到強酸會腐蝕，無法建造橋樑，五吋的釘子大約只要十天就會溶解，因此吾妻川為日本人帶來很大的困擾。

吾妻川具有強酸性的原因，來自它的三條支流。現在，人們在這三條支流投入可溶於水的石灰岩粉末，來解決這個問題。石灰岩的主要成分為碳酸鈣（$CaCO_3$），因為石灰岩便宜又容易取得，所以常常會用來減弱酸性，可以將磨成粉末的石灰岩撒入因酸雨而酸化的湖泊，此外，石灰岩燒成的生石灰（CaO，氧化鈣）常用於改良酸性土壤。

日本每天投入吾妻川的石灰岩粉末平均為 50~70 噸，大多時候是每天 90 噸，最後終於減弱了吾妻川的強酸性，使它的河水可以用來應付旱災，灌溉作物。

此外，硫酸（H_2SO_4）與碳酸鈣（$CaCO_3$）反應，會產生硫酸鈣（$CaSO_4$）、水（H_2O）與二氧化碳（CO_2）。硫酸鈣（$CaSO_4$）是一種不易溶於水的白色固體，俗名為石膏。

練習 1 解答

問題 1

（A）原子 （B）分子 （C）分子 （D）原子 （E）原子

【解說】物質都是由原子構成，氫氣、氧氣與氮氣等氣體分子，皆由兩個原子構成。

問題 2

O_2 H_2 N_2 H_2O CO_2

【解說】氧、氫、氮就是指氧分子、氫分子、氮分子。

問題 3

氫原子：200 個 氧原子：100 個

【解說】每個水分子都有 2 個氫原子、1 個氧原子，因此，如果有 100 個水分子，其中，氫原子是水分子的 2 倍，所以有 200 個，氧原子則與水分子一樣是 100 個。

問題 4

氫分子：100 個 氧分子：50 個

【解說】分解 2 個水分子，會產生 2 個氫分子、1 個氧分子；分解 4 個水分子，會產生 4 個氫分子、2 個氧分子；分解 6 個水分子，會產生 6 個氫分子、3 個氧分子。依此類推，分解 100 個水分子，會產生 100 個氫分子、50 個氧分子。

練習2 解答

陽離子 / 陰離子	Na^{+}	K^{+}	Mg^{2+}	Ca^{2+}	Al^{3+}
Cl^{-}	$NaCl$	KCl	$MgCl_2$	$CaCl_2$	$AlCl_3$
	氯化鈉	氯化鉀	氯化鎂	氯化鈣	氯化鋁
OH^{-}	$NaOH$	KOH	$Mg(OH)_2$	$Ca(OH)_2$	$Al(OH)_3$
	氫氧化鈉	氫氧化鉀	氫氧化鎂	氫氧化鈣	氫氧化鋁
NO_3^{-}	$NaNO_3$	KNO_3	$Mg(NO_3)_2$	$Ca(NO_3)_2$	$Al(NO_3)_3$
	硝酸鈉	硝酸鉀	硝酸鎂	硝酸鈣	硝酸鋁
SO_4^{2-}	Na_2SO_4	K_2SO_4	$MgSO_4$	$CaSO_4$	$Al_2(SO_4)_3$
	硫酸鈉	硫酸鉀	硫酸鎂	硫酸鈣	硫酸鋁
CO_3^{2-}	Na_2CO_3	K_2CO_3	$MgCO_3$	$CaCO_3$	$Al_2(CO_3)_3$
	碳酸鈉	碳酸鉀	碳酸鎂	碳酸鈣	碳酸鋁

練習 3 解答

箭號左側寫反應物（反應前），不要忘了氧氣喔，為什麼呢？因為燃燒有機物需要氧氣，才會產生二氧化碳與水。點燃鎂與鋁粉會激烈燃燒，產生氧化物，請把此生成物寫在箭號右側（生成物質，即反應後的物質）。

化學反應式寫不好的人可依照下面的方法寫寫看：

1 先用中文寫：

例：乙醇 + 氧 → 二氧化碳 + 水

2 再寫化學式：

$C_2H_6O + CO_2 \rightarrow CO_2 + H_2O$

3 確認反應前後的原子數：

碳：反應前 2 個，反應後 1 個

氫：反應前 6 個，反應後 2 個

氧：反應前 3 個，反應後 3 個

4 因為箭號兩邊的原子數不同，因此假設 C_2H_6O 的係數為 1，此時化學式如下。

$1C_2H_6O + O_2 \rightarrow 2CO_2 + 3H_2O$

箭號右邊的 O 數量有 7 個，因此箭號左邊也必須有 7 個 O，因為 $1C_2H_6O$ 已有 1 個氧，所以需要的 O 還有 $7 - 1 = 6$ 個，因此，如果 O_2 的係數為 3，即有 6 個氧。此外，萬一 O_2 的係數為 $\frac{3}{2}$，可全部乘 2

倍，讓係數變整數。

問題 1

$C_2H_6O + 3O_2 \rightarrow 2CO_2 + 3H_2O$

問題 2

$2CH_4O + 3O_2 \rightarrow 2CO_2 + 4H_2O$

問題 3

$2Mg + O_2 \rightarrow 2MgO$

問題 4

$4Al + 3O_2 \rightarrow 2Al_2O_3$

問題 5

$Zn + 2HCl \rightarrow ZnCl_2 + H_2$

問題 6

$CaCO_3 + 2HCl \rightarrow CaCl_2 + H_2O + CO_2$

第 2 章

什麼是元素？

至今發現的元素（原子種類）都收錄於週期表。

本章將解說週期表記錄的原子結構、電子、電子組態以及代表性元素的特徵。

2-01 如何構成週期表？

——規則（週期性）是一切的開端

我們已經知道原子存在的事實，也知道各原子的大小、大約多重（質量），但在不知道原子是否實際存在的那個年代，科學家只能運用想像力，並根據實驗所得的結論，來決定原子質量。

決定原子質量的方法是「以某一個元素的原子質量為標準，對應出其他原子的質量（看是標準原子的幾倍）」，因此原子質量不是「某一個原子是～ g」這種絕對的數值，而是相對的質量，我們將這種**原子的相對質量稱作原子量**。

最初，科學家以最輕的氫原子為標準原子，將它的原子量定為1，也曾以氧為標準，將它的原子量定為16，但一九六一年以後一律採用「**質量數（這是後來才出現的名詞）為12的碳原子，質量定為12**」的標準。

●利用週期表預言未知的元素性質

一八六九年，俄羅斯的化學家德米特里．門得列夫發現元素週期性。他將當時已發現的六十三種元素，依原子量大小的順序排列，性質相似的元素，排列起來會有**週期性**。

於是，他以此週期性為基礎，將化學性質相似的元素縱向排列，整理出**週期表**的雛形。以化學性質為規則排出來的直行，有些欄位並沒有相應的元素可填入，於是他便空出這些欄位，視為目前未發現的元素，並根據此欄位周圍的元素，類推此未知元素應具有的性質。

數年後一如門得列夫的預言，鈧、鎵、鍺一一被發現了，週期表

因此獲得了眾人的認同。可是現在的週期表並不是依據門得列夫的方法，以原子量的順序來排列元素，而是以原子序（後來才出現的名詞）的順序來排列，慶幸的是，這兩者排出來的順序幾乎相同。

雖然目前週期表已經列出一百多種元素，但存在於自然界、原子序最大的元素其實是原子序 92 的鈾，原子序 93 以上的元素與原子序 43 的鎝等，幾乎不存在於自然界，而是人工合成的元素。現在科學家仍持續合成新的元素。

表 2-1-1 原子量與相對質量

原子	質量（g）	相對質量（原子量）
^{1}H	1.67×10^{-24}	1.0
^{4}He	6.64×10^{-24}	4.0
^{12}C	1.99×10^{-23}	12.0 ◀標準
^{16}O	2.66×10^{-23}	16.0
^{23}Na	3.82×10^{-23}	23.0

原子量的標準定為碳，原子量請參照 4-04 章節。

表 2-1-2 門得列夫預言鍺的性質

性質	預言	鍺（Ge）
原子量	72	72.59
原子價	4	4
密度（g/cm^3）	5.5	5.323
顏色	灰色	灰色
熔點	高	937.4℃
氧化物	XO_2	GeO_2
氯化物	XCl_4	$GeCl_4$
氯化物的沸點	90℃	84℃

門得列夫的預言後來驗証，幾乎都是正確的。

2-02 週期表裡藏了什麼訊息？——認識「族」與「週期」

週期表的縱行稱為族，從左開始依序為第 1 族、第 2 族……到第 18 族，同一族的元素稱為同族元素；週期表的橫排稱為週期，從上開始依序稱為第 1 週期、第 2 週期……第 1 週期包括 H 與 He 這兩個元素，第 2、3 週期各有八個元素。

這些元素中約有八成為金屬元素，剩下的則為非金屬元素，在金屬與非金屬元素的分界線附近，有硼（B）、矽（Si）、鍺（Ge）、砷（As）等元素，它們具有些微的金屬性質，稱作半導體。

週期表兩側的第 1 族、第 2 族以及第 12 族 ~18 族的元素，稱為典型元素。典型元素中，同族元素的化學性質非常相似，舉例來說，除了氫以外，所有第 1 族元素的單體都是輕金屬，與水反應會產生氫，具有容易形成 1 價陽離子的性質，我們將這些元素稱為鹼金屬。

第 2 族元素的原子則容易形成 2 價陽離子，除了 Be、Mg 以外，第 2 族元素皆稱為鹼土金屬；第 17 族元素稱為鹵素，原子具有容易形成 1 價陰離子的性質；第 18 族是稀有氣體，它的單體因為不容易形成化合物，所以又稱為惰性氣體元素。

在週期表中，同一族的典型元素位於直行的越下方，陽性（容易形成陽離子的傾向）越強；而同一週期的元素（除了稀有氣體）位於橫列的越右方，陰性（容易形成陰離子的傾向）越強。

週期＼族	1	2	3	4	5	6	7	8	9
1	1 H 氫 1.008								
2	3 Li 鋰 6.941	4 Be 鈹 9.012							
3	11 Na 鈉 22.99	12 Mg 鎂 24.31							
4	19 K 鉀 39.10	20 Ca 鈣 40.08	21 Sc 鈧 44.96	22 Ti 鈦 47.87	23 V 釩 50.94	24 Cr 鉻 52.00	25 Mn 錳 54.94	26 Fe 鐵 55.85	27 Co 鈷 58.93
5	37 Rb 銣 85.47	38 Sr 鍶 87.62	39 Y 釔 88.91	40 Zr 鋯 91.22	41 Nb 鈮 92.91	42 Mo 鉬 95.94	43 Tc 鎝 99	44 Ru 釕 101.1	45 Rh 銠 102.9
6	55 Cs 銫 132.9	56 Ba 鋇 137.3	57~71 鑭系元素	72 Hf 鉿 178.5	73 Ta 鉭 180.9	74 W 鎢 183.8	75 Re 錸 186.2	76 Os 鋨 190.2	77 Ir 銥 192.2
7	87 Fr 鍅 (223)	88 Ra 鐳 (226)	89~103 錒系元素	104 Rf 鑪 (267)	105 Db 𨧀 (268)	106 Sg 𨭎 (271)	107 Bh 𨨏 (270)	108 Hs 𨭆 (269)	109 Mt 䥑 (278)

金屬元素　非金屬元素　過渡元素

1	原子序
H	元素符號
氫	元素名稱
1.008	原子量

鹼金屬※1　鹼土金屬※2

	1	2	3–9
電荷	+1	+2	複雜
	典型元素		過渡元素

鑭系元素	57 La 鑭 138.9	58 Ce 鈰 140.1	59 Pr 鐠 140.9	60 Nd 釹 144.2	61 Pm 鉕 145	62 Sm 釤 150.4	63 Eu 銪 152.0
錒系元素	89 Ac 錒 (227)	90 Th 釷 232.0	91 Pa 鏷 231.0	92 U 鈾 238.0	93 Np 錼 (237)	94 Pu 鈽 (239)	95 Am 鋂 (243)

※1：H例外
※2：Be、Mg例外

●室溫下單體的多元樣貌

很多非金屬元素的單體都是由分子構成，固體狀態下會形成結晶。在常溫（大約 25℃）下，氫、氮、氧、氟、氯等元素會以氣體的形式存在；溴則以液體的形式存在；碘、磷、硫等以固體的形式存

10	11	12	13	14	15	16	17	18
								2 He 氦 4.003
			5 B 硼 10.81	6 C 碳 12.01	7 N 氮 14.01	8 O 氧 16.00	9 F 氟 19.00	10 Ne 氖 20.18
			13 Al 鋁 26.98	14 Si 矽 28.09	15 P 磷 30.97	16 S 硫 32.07	17 Cl 氯 35.45	18 Ar 氬 39.95
28 Ni 鎳 58.69	29 Cu 銅 63.55	30 Zn 鋅 65.41	31 Ga 鎵 69.72	32 Ge 鍺 72.64	33 As 砷 74.92	34 Se 硒 78.96	35 Br 溴 79.90	36 Kr 氪 83.80
46 Pd 鈀 106.4	47 Ag 銀 107.9	48 Cd 鎘 112.4	49 In 銦 114.8	50 Sn 錫 118.7	51 Sb 銻 121.8	52 Te 碲 127.6	53 I 碘 126.9	54 Xe 氙 131.3
78 Pt 鉑 195.1	79 Au 金 197.0	80 Hg 汞 200.6	81 Ti 鉈 204.4	82 Pb 鉛 207.2	83 Bi 鉍 209.0	84 Po 釙 210	85 At 砈 210	86 Rn 氡 220
110 Ds 鐽 (281)	111 Rg 錀 (281)	112 Cn 鎶 (285)	113 Nh Nihonium (278)	114 Fl 鈇 (289)	115 Mc Moscovium (289)	116 Lv 鉝 (293)	117 Ts Tennessine (294)	118 Og Oganesson (294)
			硼族	碳族	氮族	氧族	鹵素	稀有氣體

	+2	主要為+3		主要為-3	主要為-2	-1	
	典型元素						

64 Gd 釓 157.3	65 Tb 鋱 158.9	66 Dy 鏑 162.5	67 Ho 鈥 164.9	68 Er 鉺 167.3	69 Tm 銩 168.9	70 Yb 鐿 173.0	71 Lu 鎦 175.0
96 Cm 鋦 (247)	97 Bk 鉳 (247)	98 Cf 鉲 (252)	99 Es 鑀 (252)	100 Fm 鐨 (257)	101 Md 鍆 (258)	102 No 鍩 (259)	103 Lr 鐒 (262)

*註：113.115.117.118 來自IUPAC官網。

在。

碳與矽的單體是巨大分子構成的結晶，具有高熔點；稀有氣體元素的單體在常溫下為氣體，以單原子分子的形式存在；金屬元素的單體中，只有水銀在常溫下是液體，其他元素都是固體。

說到週期表，就是那個吧？氫氦鋰鈹……
週期表？

我來告訴你另一種週期表吧。
什麼味道？我好像聞到很臭的味道。

臭！好臭！
將吃了什麼食物所放的屁，臭的程度畫成一張表。
臭氣表
好臭
還好
巧克力
洋蔥
肉包
咖哩
生菜
酸奶牛肉
命名為臭氣表！
哇

兔子不可以吃巧克力和洋蔥吧！
咦？為什麼？

嚴重的話，會死掉喔！
妳是認真的嗎？
嚇！

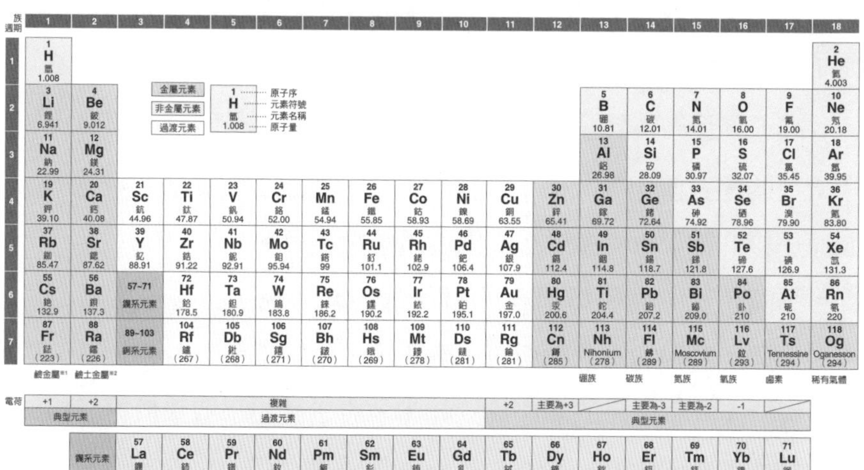

週期＼族	1	2	3	4	5	6	7	8	9	10	11	12	13	14	15	16	17	18
1	1 H 氫 1.008																	2 He 氦 4.003
2	3 Li 鋰 6.941	4 Be 鈹 9.012											5 B 硼 10.81	6 C 碳 12.01	7 N 氮 14.01	8 O 氧 16.00	9 F 氟 19.00	10 Ne 氖 20.18
3	11 Na 鈉 22.99	12 Mg 鎂 24.31											13 Al 鋁 26.98	14 Si 矽 28.09	15 P 磷 30.97	16 S 硫 32.07	17 Cl 氯 35.45	18 Ar 氬 39.95
4	19 K 鉀 39.10	20 Ca 鈣 40.08	21 Sc 鈧 44.96	22 Ti 鈦 47.87	23 V 釩 50.94	24 Cr 鉻 52.00	25 Mn 錳 54.94	26 Fe 鐵 55.85	27 Co 鈷 58.93	28 Ni 鎳 58.69	29 Cu 銅 63.55	30 Zn 鋅 65.41	31 Ga 鎵 69.72	32 Ge 鍺 72.64	33 As 砷 74.92	34 Se 硒 78.96	35 Br 溴 79.90	36 Kr 氪 83.80
5	37 Rb 銣 85.47	38 Sr 鍶 87.62	39 Y 釔 88.91	40 Zr 鋯 91.22	41 Nb 鈮 92.91	42 Mo 鉬 95.94	43 Tc 鎝 99	44 Ru 釕 101.1	45 Rh 銠 102.9	46 Pd 鈀 106.4	47 Ag 銀 107.9	48 Cd 鎘 112.4	49 In 銦 114.8	50 Sn 錫 118.7	51 Sb 銻 121.8	52 Te 碲 127.6	53 I 碘 126.9	54 Xe 氙 131.3
6	55 Cs 銫 132.9	56 Ba 鋇 137.3	57~71 鑭系元素	72 Hf 鉿 178.5	73 Ta 鉭 180.9	74 W 鎢 183.8	75 Re 錸 186.2	76 Os 鋨 190.2	77 Ir 銥 192.2	78 Pt 鉑 195.1	79 Au 金 197.0	80 Hg 汞 200.6	81 Ti 鉈 204.4	82 Pb 鉛 207.2	83 Bi 鉍 209.0	84 Po 釙 210	85 At 砈 210	86 Rn 氡 220
7	87 Fr 鍅 (223)	88 Ra 鐳 (226)	89~103 錒系元素	104 Rf 鑪 (267)	105 Db 𨧀 (268)	106 Sg 𨭎 (271)	107 Bh 𨨏 (270)	108 Hs 𨭆 (269)	109 Mt 䥑 (278)	110 Ds 鐽 (281)	111 Rg 錀 (281)	112 Cn 鎶 (285)	113 Nh Nihonium (278)	114 Fl 鈇 (289)	115 Mc Moscovium (289)	116 Lv 鉝 (293)	117 Ts Tennessine (294)	118 Og Oganesson (294)
	鹼金屬※1	鹼土金屬※2											硼族	碳族	氮族	氧族	鹵素	稀有氣體

圖例：金屬元素、非金屬元素、過渡元素

1 …… 原子序
H …… 元素符號
氫 …… 元素名稱
1.008 …… 原子量

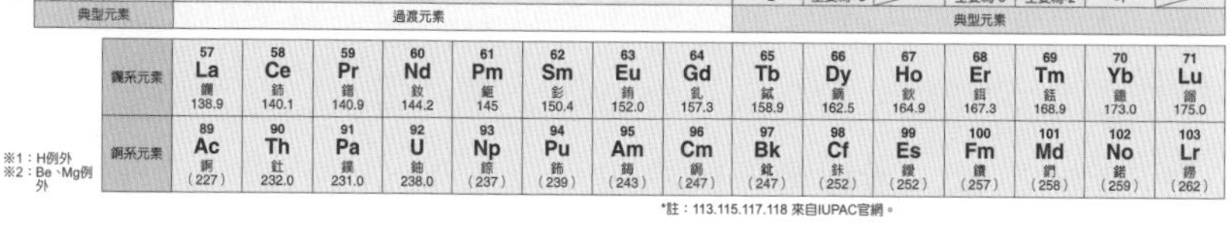

電荷	+1	+2	複雜	+2	主要為+3	／	主要為-3	主要為-2	-1	／
	典型元素		過渡元素	典型元素						

鑭系元素	57 La 鑭 138.9	58 Ce 鈰 140.1	59 Pr 鐠 140.9	60 Nd 釹 144.2	61 Pm 鉕 145	62 Sm 釤 150.4	63 Eu 銪 152.0	64 Gd 釓 157.3	65 Tb 鋱 158.9	66 Dy 鏑 162.5	67 Ho 鈥 164.9	68 Er 鉺 167.3	69 Tm 銩 168.9	70 Yb 鐿 173.0	71 Lu 鎦 175.0
錒系元素	89 Ac 錒 (227)	90 Th 釷 232.0	91 Pa 鏷 231.0	92 U 鈾 238.0	93 Np 錼 (237)	94 Pu 鈽 (239)	95 Am 鋂 (243)	96 Cm 鋦 (247)	97 Bk 鉳 (247)	98 Cf 鉲 (252)	99 Es 鑀 (252)	100 Fm 鐨 (257)	101 Md 鍆 (258)	102 No 鍩 (259)	103 Lr 鐒 (262)

※1：H例外
※2：Be、Mg例外

*註：113.115.117.118 來自IUPAC官網。

2-03 原子的內部結構如何？——原子序與質量數

步入二十世紀初，人類已經確定原子是由更小的粒子所構成，且根據這個結果，推論出原子是由中心的原子核與周圍的電子所構成。原子核佔原子質量的 99.9%，帶正電的質子與不帶電的中子都集中在原子核，而構成原子核的質子與中子，大小與質量幾乎相同。

電子質量約為質子、中子質量的 $\frac{1}{1840}$，而電子所帶電荷與質子所帶電荷的絕對值相等，但正負號相反，因此原子整體是不帶電的，因為原子核的質子數與原子核周圍的電子數相等。

不同元素的原子核所含的質子數不同，我們將質子數稱為原子序，而原子所帶的電子數與質子數相等，所以電子數也等於原子序。

週期表依原子序的順序排列元素，原子量幾乎取決於原子核的質子數與中子數，因為一千八百四十個電子集合起來只有一個質子（≒一個中子）的質量，所以電子的質量可以忽視，因此構成原子核的質子數與中子數的和，就稱為原子的質量數。

●根據原子的性質來定義元素

由一九五九年美國化學家萊納斯．鮑林所寫的教科書《普通化學》可知當時化學家使用的元素定義，亦即「元素就是以原子核的質子數，來區分的原子種類」，因此可說「氕和氘都屬於氫元素」。

其實位於週期表同一位置的元素，可能包含了幾種不同的原子。它們位於同一位置，質子數（＝電子數）相同，但中子數不同，互為同位素。

舉例來說，存在於自然界的鈾（U），就有三種質子數相同但中子數不同的同位素，每個質子數都是 92，中子數則分別是 142、143 與 146。為了區別它們，以質子數加上中子數的質量數來為它們命名，稱為鈾 234、鈾 235、鈾 238。

「元素」這個詞彙的使用方法還是很模糊。我們所說的「氧」，到底是指氧這種元素？還是不同於臭氧的單體？是氧分子？還是氧原子？這只能根據文章脈絡來推測。

圖 2-3 氦原子與原子核的模型

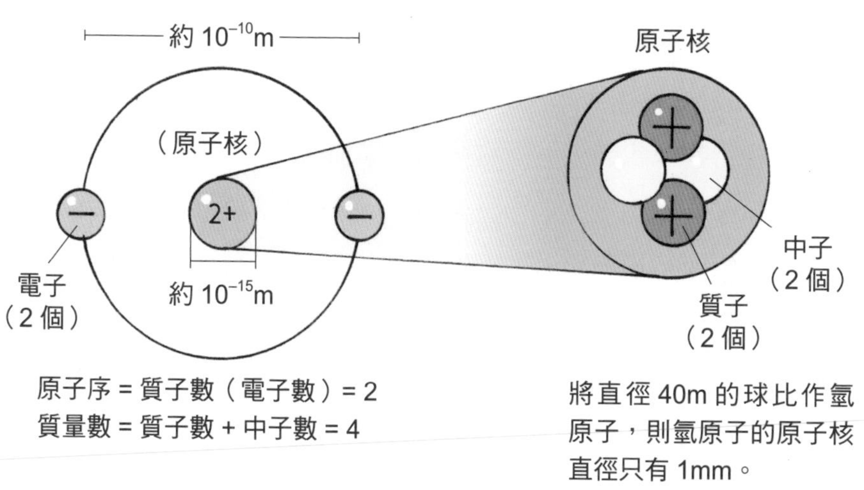

2-04 什麼是電子組態？
——稀有氣體元素的電子組態非常穩定

原子的電子分布在原子核周圍的層狀構造，且不斷地運動，這些層狀構造稱為**電子殼層**，從靠近原子核的內層開始，依序稱為 K 層、L 層、M 層、N 層……各個電子殼層可容納的電子數有限，K 層為兩個、L 層為八個、M 層為十八個、N 層為三十二個。

原子的電子數雖然和原子序相同，但這些電子會從內側電子殼層開始依序填入，而電子排入電子殼層的排列方式稱為**電子組態**。填有電子的最外側電子殼層稱為**最外層**。最外層的電子在兩個原子結合時，會進行很重要的工作，稱為**價電子**。

氦（He）、氖（Ne）、氬（Ar）等元素的化學性質非常穩定，不容易形成化合物。我們來看看這些稀有氣體元素的電子組態吧！ He 的最外層電子有兩個，Ne、Ar、Kr 有八個，而不是稀有氣體元素的原子，電子組態是不是和 He、Ne 一樣，最外層填滿電子呢？還是如同 Ar、Kr，最外層有八個電子就會穩定，而難以和其他原子結合呢？其實原子都會**傾向於形成同於稀有氣體元素的電子組態**，以保持穩定。

●藉由稀有氣體的電子組態來看週期表

週期表中，第 1、2、12、13、14、15、16、17、18 族的元素稱為**典型元素**。縱行的同族典型元素的最外層電子數相等，而且化學性質相似。

圖 2-4-1 電子殼層的結構

圖 2-4-2 稀有氣體元素的電子組態

元素	原子序	電子組態					
		K	L	M	N	O	P
He	2	2					
Ne	10	2	8				
Ar	18	2	8	8			
Kr	36	2	8	18	8		
Xe	54	2	8	18	18	8	
Rn	86	2	8	18	32	18	8

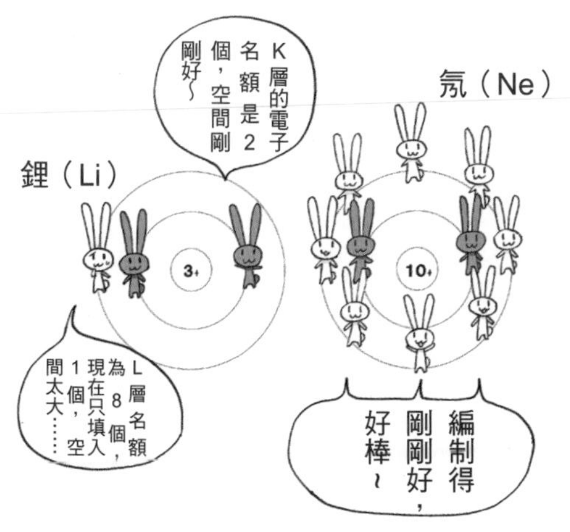

●第 1 族元素（H 例外）……鹼金屬

屬於陽性 ※1 元素，單體是反應性活潑的輕金屬，容易成為 1 價陽離子。

●第 2 族元素（Be、Mg 例外）……鹼土金屬

屬於陽性元素，單體也是反應性活潑的輕金屬，反應性僅次於鹼金屬，容易成為 2 價陽離子。

●第 17 族元素……鹵素

屬於陰性 ※2 元素，單體的反應性活潑，容易成為 1 價陰離子。

●第 18 族元素……稀有氣體

單體的沸點、熔點非常低，常溫下皆為氣體，化學性質穩定，不容易形成化合物。

第 3 族到第 11 族的元素位在週期表左右兩邊的典型元素中間，稱為過渡元素。過渡元素的單體皆為金屬，最外層電子數為一或二個，所有過渡元素的化學性質都很相似。典型元素又分為金屬元素與非金屬元素，而過渡元素則都是金屬元素。

※1 電負度低者，參照下一節

※2 電負度高者，參照下一節。

圖 2-4-3 原子的電子組態示意圖與路易士結構

電子組態	1+							2+
路易士結構	H·							He:
電子組態	3+	4+	5+	6+	7+	8+	9+	10+
路易士結構	Li·	·Be·	·B·	·C·	·N·	·O:	·F:	:Ne:
電子組態	11+	12+	13+	14+	15+	16+	17+	18+
路易士結構	Na·	·Mg·	·Al·	·Si·	·P·	·S:	·Cl:	:Ar:
最外層電子數	1	2	3	4	5	6	7	8

示意圖的同心圓從內側往外，依序為 K 層、L 層、M 層。

2-05 什麼是電負度？
——電負度越大，越容易形成陰離子

世界上的物質可分為以下三大類：

1 **分子構成的物質**

2 **離子構成的物質**

3 **僅由金屬原子構成的物質**

此外，鑽石和聚乙烯等物質，是由巨大分子構成的，不歸類於這三大類。本章只是先大致分為這三類。

在固體的狀態下，1稱為分子結晶，2稱為離子結晶，3稱為金屬結晶，它們具有以下特徵：

- **分子結晶較軟、熔點較低**
- **離子結晶較硬、熔點較高**
- **金屬結晶具有金屬光澤、易導電導熱**

分子構成的物質（固體為分子結晶），由非金屬元素彼此鍵結而成；陰離子構成的物質（固體為離子結晶），由金屬元素與非金屬元素彼此鍵結而成；金屬原子構成的物質（固體為金屬結晶），僅由金屬元素構成。此外，金屬原子會形成陽離子，非金屬原子會形成陰離子。

●元素的電負度

原子的化學性質取決於「原子有多容易吸引電子」，而這個標準會以電負度來表示。

電負度大者容易接受電子而形成陰離子，電負度小者容易失去電子而形成陽離子。

因為稀有氣體的化學性質不活潑，所以我們先不討論。電負度最大的元素是氟（F），而氟位於週期表的右上角，以此為頂點，位置越偏左下方的典型元素，電負度越小。因此，週期表右上方的三角地帶即是非金屬陰性元素的分布區域。此外，陽性最強的鹼金屬元素是鍅（Fr），但鍅是壽命較短的人造放射性元素，因此很難做實驗。

圖 2-5　電負度

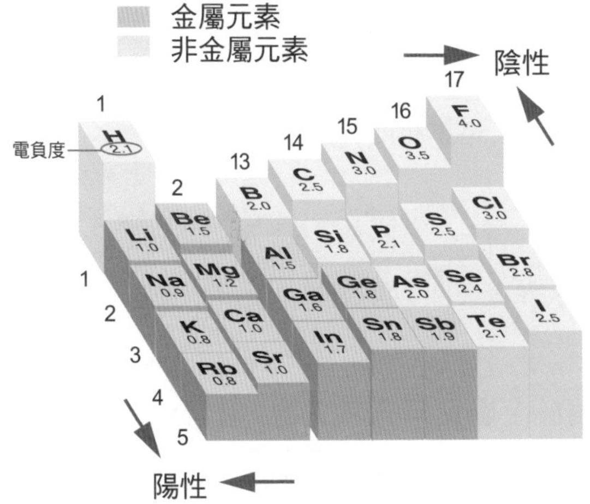

電負度是原子吸引電子的強弱程度（參考 3-02 節），若相互鍵結的兩個原子電負度有所差異，某一方的電子會被電負度較大的原子吸引過去，例如鹽酸 HCl 的氫（H）電負度為 2.1，氯（Cl）電負度為 3.0，所以電子的分布位置會偏向 Cl。

2-06 什麼是鹼性氧化物？
——酸雨就是酸性氧化物加水

非金屬元素的氧化物 CO_2（二氧化碳）、NO_2（二氧化氮）、P_4O_{10}（十氧化四磷）、SO_2（二氧化硫）、SO_3（三氧化硫）等分子構成的物質，與水反應都會產生酸，與鹼反應則會產生鹽，稱為**酸性氧化物**。

藉由這種反應而產生的 HNO_3（硝酸）、H_2SO_3（亞硫酸）、H_2SO_4（硫酸）、H_3PO_4（磷酸）與 H_2CO_3（碳酸），都是含有氧的酸，稱為**含氧酸**。酸雨是氮氧化物（NO_2、NO_3 等）或硫氧化物（SO_2、SO_3）與水反應，而含有硝酸、亞硫酸、硫酸等物質的雨水。

SO_2	+	H_2O	→	H_2SO_3
二氧化硫		水		亞硫酸

另一方面，屬於金屬元素的氧化物，Na_2O（氧化鈉）、MgO（氧化鎂）等物質是由離子構成的。這些物質具有下列特性：與水反應會產生氫氧化物，溶於水呈鹼性，而且與酸反應會產生鹽，稱為**鹼性氧化物**。

CaO	+	H_2O	→	$Ca(OH)_2$
氧化鈣		水		氫氧化鈣

圖 2-6 第 3 週期元素的氧化物

族	氧化物	酸性・鹼性
1	Na_2O	強鹼性
2	MgO	弱鹼性
13	Al_2O_3	兩性
14	SiO_2	弱酸性
15	P_4O_{10}	中度酸性
16	SO_3	強酸性
17	Cl_2O_7	強酸性

此圖的氧化物表現出各元素的最大氧化數，Al_2O_3（氧化鋁）不論在酸性溶液或鹼性溶液中，都會起反應且溶解，因此稱為兩性氧化物。

2-07 稀有氣體是哪些元素？

——最先發現的是氬（惰性氣體）

位於週期表的右側，屬於第 18 族元素的以下六種物質，稱為稀有氣體。

氦（He）	**氖（Ne）**	**氬（Ar）**
氪（Kr）	**氙（Xe）**	**氡（Rn）**

稀有氣體的稀有意指在大氣與地殼中的存量很少，但是其實太陽系附近的太空中有非常多氦，氬在空氣中也大約佔了 1%，比二氧化碳多很多。

稀有氣體的原子當然不會與同種原子結合，也不會與其他種類的原子結合，因此稀有氣體又稱為惰性氣體。

屬於稀有氣體的氬於一九八四年由蘇格蘭化學家威廉・拉姆齊發現，是最早被發現的稀有氣體。氬不太會起反應。後來，他又陸陸續續發現了稀有氣體的氖、氪、氙。此外，由太陽光譜推測其存在的氦，也可以從鈾礦石分離出來。

一九〇四年，拉姆齊因為「發現了空氣中的稀有氣體元素，並確定它們在元素週期表的位置」，而獲得諾貝爾化學獎。

週期表最右側，縱向排列的元素……
第18族（He、Ne、Ar、Kr、Xe、Rn），
稱為稀有氣體。
18
2 He
10 Ne
18 Ar
36 Kr
54 Xe
86 Rn

它們的化學性質穩定，不太會與其他的原子反應。
沒錯。

你知道嗎？從這些原子的電子組態可以看出共通的特徵。
元素 電子層
K L M N O P
2He 2
10Ne 2 8
18Ar 2 8 8
36Kr 2 8 18 8
54Xe 2 8 18 18 8
86Rn 2 8 18 32 18 8

嗯，除了He，18族原子最外層電子都是八個。
He的最外層電子是K層（最多只能容納兩個電子），所以無法容納八個。

稀有氣體的化學性質穩定是事實。
穩定
因此可以說「最外層電子有八個」與化學性質穩定有關，而最外層電子
有八個的狀態稱為「八隅體」。

2-08 什麼是鹼金屬與鹼土金屬？
——成為強鹼的元素

鋰（Li）以下的第 1 族元素都是鹼金屬，特徵為單體密度小、柔軟、熔點低，反應性活潑，會與水起激烈反應而產生氫，並生成氫氧化物，而且此氫氧化物具強鹼性。

鈉容易氧化，固體的鈉放入水中會起激烈反應。而鉀放入水中則會產生紫色的火焰。因此，為了不讓鹼金屬與空氣中的氧氣或水蒸氣接觸，通常會保存在石油中。

鈣（Ca）以下的第 2 族元素都是鹼土金屬，單體與水反應會產生氫氧化物，每個氫氧化物都具強鹼性。

●鹼金屬與鹼土金屬化合物

・氫氧化鈉（NaOH）

氫氧化鈉是白色固體，置於空氣中會吸收水蒸氣而溶於水，此現象稱為潮解。氫氧化鈉極易溶於水，具強鹼性。在工業上會藉由電解氯化鈉水溶液來製造氫氧化鈉，因此氫氧化鈉又稱為苛性蘇打（腐蝕皮膚 = 苛性，蘇打 = 鈉）。

・碳酸氫鈉（$NaHCO_3$）

碳酸氫鈉溶於水會呈弱鹼性，無論是添加酸或加熱，都會產生二氧化碳，因此可當作發酵粉使用。

‧碳酸鈣（$CaCO_3$）

碳酸鈣是石灰岩與大理石的主要成分，不溶於水，且會與稀鹽酸反應產生二氧化碳。

‧氧化鈣（CaO）

氧化鈣與水反應會產生大量的熱，生成氫氧化鈣（消石灰，$Ca(OH)_2$），過程中產生的熱可用來加熱便當或罐裝酒。

‧氫氧化鈣（$Ca(OH)_2$）

氫氧化鈣溶於水，水溶液即會呈強鹼性；而將二氧化碳吹入氫氧化鈣的飽和水溶液（石灰水），就會形成碳酸鈣沉澱。將二氧化碳吹入石灰水，石灰水會變得混濁，而且產生的碳酸鈣在二氧化碳過多的情況，會形成碳酸氫鈣（$Ca(HCO_3)_2$）而溶解，這就是石灰岩地帶形成鐘乳石洞的原理。

圖 2-8　鈉的代表性反應

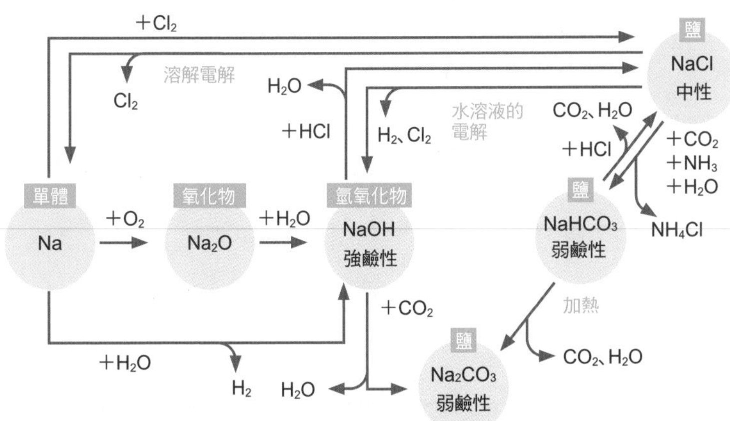

無論是在鈉（Na）加水（H_2O），還是在氧化鈉（Na_2O）加水，都會形成氫氧化鈉（NaOH）。無論是氫氧化鈉（NaOH）加鹽酸、氧化鈉（Na_2O）加鹽酸，或是在單體鈉（Na）加氯（Cl_2），都會形成氯化鈉（NaCl）。

2-09 什麼是鹵素？
——電負度高，會毒害人體

第 17 族的鹵素單體，反應性活潑，會與多種元素的單體直接反應而形成鹵化物。此時，鹵素單體會成為氧化劑，原子序越小，氧化力越強。此外，**每個鹵素單體都有毒，會對人體造成傷害**。

氯氣是具有刺激性臭味的黃綠色氣體，在第一次世界大戰被當作毒氣。氯氣不只大量用於自來水與污水的殺菌漂白，還廣泛用作鹽酸、漂白粉等無機氯化物、有機氯化物（農藥、醫藥、聚氯乙烯等）的製造原料。

氯氣溶於水即為氯水，氯水的一部分與水反應會生成次氯酸（HClO）。

●鹵化物

・氯化氫

氯化氫氣體的水溶液即為鹽酸，市售的濃鹽酸大約含有 35% 的氯化氫。

・氯化鈉

這是食鹽的主要成分。電解食鹽水溶液，陽極會產生氯氣，陰極會產生氫氣，水溶液中只剩下氫氧化鈉。

・次氯酸

雖然次氯酸（HClO）是較弱的酸，但具有較強的氧化作用，所以可用於消毒液與漂白劑。氯與鹼反應會形成次氯酸鹽，次氯酸鹽也具有較強的氧化力，可用於漂白和殺菌。

第17族元素稱為鹵素。
17
氟 9 F
氯 17 Cl
溴 35 Br
碘 53 I
砈 85 At
鹵素可作為氧化劑，與各種元素的單體反應，形成鹵化物。

鹵化物常用作洗潔劑與漂白劑。
鹵化物
鹽酸
酸性清潔劑
漂白劑
鹽酸
酸性清潔
漂白劑
依照氧化力強弱順序排列，即為氟、氯、溴、碘。

說到這個……白兔，你在做什麼？
因為廁所很臭，所以我想用廁所清潔劑和除霉劑來打掃廁所，使它亮晶晶！
廁所
除霉
蛤

酸性浴廁清潔劑和含氯的除霉劑混合使用，
會產生氯氣，造成死亡喔！
呃！

搞不好你全家會死光光喔！
真的嗎？
驚訝

2-10 什麼是鋁？什麼是鋅？

——代表輕金屬的鋁，電池陰極材料的鋅

鋁（Al）是輕而軟的金屬，可藉由熔化、電解礬土（氧化鋁 Al_2O_3，來自鋁土礦）的方式製造，常用於鋁箔等家庭用品、鋁框等建築材料。鋁暴露在空氣中，表面會被氧化，而產生氧化鋁的緻密膜。此氧化物的膜會保護內部的鋁不再被氧化（不動態），陽極氧化鋁加工法就是以人工方式（放入酸性溶液，作為陽極來進行電解）增厚緻密膜。

杜拉鋁合金（duralumin，又稱硬鋁）是在鋁中添加 4% 銅、少量的鎂與錳製成的。但後來開發出強度更優秀的超杜拉鋁等材料，取代了杜拉鋁，廣泛用於飛機的機體等方面。

鋅（Zn）的單體熔點低（420℃），為銀白色金屬，常用於乾電池的陰極。在稀鹽酸或稀硫酸中加鋅會產生氫氣。而鍍鋅的薄鐵板稱作鍍鋅板，鍍了一層比鐵更容易腐蝕的鋅，即可保護鐵，被廣泛用於屋頂修繕、水槽、牆面等。黃銅是鋅與銅的合金，色澤優美，易於鑄造、易加工，且延展性等機械性質優異，因此用途廣泛。鋁和鋅的單體、氧化物、氫氧化物皆可溶於酸性溶液，也可溶於鹼性溶液，這種性質稱為兩性。氫氧化鋁（$Al(OH)_3$）可當作制酸劑（胃藥），明礬（$AlK(SO_4)_2 \cdot 12H_2O$）的鋁離子可用作媒染劑（作為染料與纖維的媒介，使染料固定附著在纖維上），也可為茄子醃漬物增色。

· 硫酸（H_2SO_4）

濃硫酸約含 98% 的硫酸，是一種無色、黏稠狀的非揮發性液體，吸濕性強，可當作乾燥劑。加熱後的濃硫酸具有很強的氧化力，可溶化銅與銀。而且，濃硫酸有脫水作用，能以水的形式奪走有機化合物的氫與氧。用水稀釋濃硫酸會產生大量的熱且變成稀硫酸。而二氧化硫氧化所產生的三氧化硫，溶於水就會產生硫酸。

2-12 什麼是氮？什麼是磷？

——氮與磷的化合物是優養化的原因

氮氣（N）約佔地球大氣的 78%，它在常溫下是不活潑的氣體，在 –196℃下會液化，所以可將液態氮當作冷卻劑。在工業上，會藉由液體空氣的分餾（加熱兩種以上沸點不同的液體混合物，從沸點低的液體開始依序氣化，使之分離）來製造液態氮。

●氮的化合物

·氨（NH_3）

氨是無色、有刺激性臭味、比空氣輕且極易溶於水的氣體，水溶液呈弱鹼性。在工業上，可利用以鐵為主成分的觸媒，讓氮與氫直接合成氨，這種方法稱為哈柏法（或是哈伯·博施法）。

·氮氧化物（N_2O、NO、N_2O_3、NO_2、N_2O_5）

氮氧化物統稱為 NO_x，是酸雨的成因之一，汽車引擎內的空氣在高溫下會產生一氧化氮（NO）。一氧化氮是會溶於水的無色氣體，在空氣中會迅速氧化，形成二氧化氮（NO_2）。二氧化氮是易溶於水的紅褐色氣體，有特別的臭味，且毒性強。

·硝酸（HNO_3）

硝酸具強酸性與氧化力，因此可溶化銅、水銀、銀等物質。

工廠與汽車的排放氣體含有毒性的NO_x。

雖然汽車的排放廢氣已受到管制，但車輛多的區域，大氣仍受到污染，而會產生光化學煙霧。另外，破壞森林的酸雨也是大問題。
NO_x對人體與環境都有不好的影響。

肥料三要素為……
氮（N）、磷（P）、鉀（K）。
肥料三要素
N 氮
P 磷
K 鉀
利用這三要素，植物可以生長得很好。

立刻大量撒在庭院的植物上吧！
啪！
肥料

哇！生長太快，變成怪物了！
哇～
你這樣不行，過猶不及呀！

●優養化是什麼？

優養化和水域的種類無關，而是因為水中營養鹽的濃度增加，使水域中的植物生產活動提高。水域優養化，浮游生物與水生植物就會大量生長，而引起藻華（春夏之際，因浮游生物大量繁殖，而在水面形成深綠色的薄膜）、紅潮（以同於藻華的方式形成紅色的薄膜）等現象。

造成優養化的最主要因素營養鹽，就是氮（N）和磷（P）。氮和磷是植物肥料的主要元素。對植物而言，生長所需的氮、磷很難透過一般的水攝取，常使植物的生長大受限制，所以水中氮和磷的增加，會促進植物的生長。

表　植物的三大肥料

	功效	過多的後果	不足的後果
氮（N）	（針對葉、莖）葉子顏色更鮮綠，促進植物全體的生長。	抗病力低、抗蟲力弱，葉面斑點消失，只有葉子茂密，無花芽。	生長衰弱，葉和莖的生長惡化，葉面偏黃。
磷（P）	（針對花）幫助花初期的成長，是花結成果實的必要成分。		生長停止，不會結果實。
鉀（K）	（針對根）是根生長的必要成分，可維持植物整體的平衡，增加耐寒性。	妨礙其他營養成分的吸收。	莖幹脆弱，易被風吹倒，耐寒性變弱。

2-13 什麼是碳？什麼是矽？
——屬於有機物的碳，構成岩石的矽

碳（C）的單體包含鑽石與石墨等同素異形體（由同一種元素構成的單體，但原子的排列與結合方式不同，性質也不同），富勒烯與奈米碳管也是碳的同素異形體。其中，鑽石是世上最硬的物質，不只是寶石，還可用於切割玻璃與切削岩石，而且石墨很軟，易導電，可用於電極與鉛筆的筆芯。

碳是有機物的主要元素。

●碳（C）的化合物

· 二氧化碳（CO_2）

在空氣中燃燒碳與含碳的化合物，會產生二氧化碳。二氧化碳是無色無味的氣體，溶於水呈弱酸性，而且與鹼反應會產生鹽。如果將二氧化碳吹入石灰水（$Ca(OH)_2$），會產生碳酸鈣沉澱，而呈現白色混濁狀。固體的二氧化碳在 1 大氣壓 –79℃下，會直接昇華成氣體，稱為乾冰，可用作冷卻劑。

· 一氧化碳（CO）

碳與含碳的化合物如果沒有完全燃燒，就會產生一氧化碳。一氧化碳是無色無味的氣體，和血液中的血紅素結合，會妨礙血液輸送氧氣，算是有毒氣體。

矽（Si）是地殼含量僅次於氧的元素，矽的單體為巨大分子，與鑽石一樣具有正四面體結構，所以硬度高、熔點高。

鑽石和石墨（鉛筆的筆芯）都是**碳**構成的啊！
鑽石
石墨

它們有什麼不同？
價錢……之類的玩笑話先不談！

鑽石的碳原子會與它周圍的四個碳原子，互相以**共價鍵結**，構成強而有力的結構。
因為整體都以共價鍵結合，所以非常堅硬。
鑽石的結構

但是石墨的碳原子就像鋪滿正六角形花磚一樣，**層層重疊**，每一層的碳與碳，雖然是共價鍵結，**但層與層之間只靠微弱的分子間作用力來結合**。
所以石墨（鉛筆的筆芯）很脆弱！
石墨的結構

這麼說來，鉛筆很高貴耶。

哎！你真粗暴……
啊！折斷了！
啵！

但矽的單體不存在於自然界，必須還原氧化物等物質才能製造出來。而矽的結晶具有金屬光澤，是導電性最大的物質，所以高純度的矽可用作半導體材料。

●矽（Si）的化合物

·二氧化矽（SiO_2）

矽的化合物含有二氧化矽與矽酸鹽，是構成岩石與土壤的物質。水晶、石英與矽砂幾乎都是純的二氧化矽，而玻璃的主原料是矽砂。

2-14 什麼是鐵？什麼是銅？——代表性金屬材料

人類利用金屬的歷史與從礦石煉出金屬的難度大有關係，雖然販賣的是天然的金、天然的銀與天然的銅，但許多金屬都是以氧化物、硫化物的形式產出的。這些化合物的鍵結力越強，就越難從礦物煉出金屬。金屬包括金、銀、銅、鐵，其中，鐵從很久以前開始就為人使用，接著是鉛、錫，其次是鋅以及最近才被煉出的鋁。這個順序是根據化合物鍵結力的強弱來排列的。

金屬材料的世界因為鈦等新金屬的出現，而變得更多樣化，但主角還是鐵，雖說影響力稍微降低了。此外，銅也是主角。最近備受矚目的鋁也可說是主角。

重金屬大多是指密度 $5g/cm^3$ 以上的金屬，一般來說，以鐵、錳、鉻、鎳、銅、鋅、鉛、錫等為代表。

●鐵（Fe）的單體與化合物

鐵是用途最廣的金屬，從建築材料到日常用品都有使用鐵。鐵能製造具有優異性質的合金（兩種以上的金屬混合而成），這是它用途廣泛的理由之一。碳含有率為 0.04~1.7% 的鐵稱為鋼鐵，因為具有堅韌的特性，所以用於鋼架與鐵軌等方面。鐵的氧化物包括紅褐色的氧化鐵（III，紅鏽，Fe_2O_3）與四氧化三鐵（黑鏽，Fe_3O_4）等。

●銅（Cu）的單體與化合物

銅是紅色的柔軟金屬，易導熱，易導電，因此廣泛用於電線等電子材料。在空氣中加熱銅，銅會變成黑色的氧化銅（II，CuO）。而五水合硫酸銅（II，$CuSO_4 \cdot 5H_2O$）是一種藍色的結晶，加熱會失去水，變成白色粉末，但吸水會再變回藍色。

在熔爐中，會先燃燒焦炭（石炭悶燒形成的燃料），使爐溫到達 1,500℃左右的高溫，藉此產生一氧化碳（CO），再使一氧化碳與氧化鐵 Fe_2O_3（鐵礦）反應，鐵 Fe 即會被還原，並排出二氧化碳（CO_2）。

$$Fe_2O_3 + 3CO \rightarrow 2Fe + 3CO_2$$

使用石灰岩是為了去除鐵礦石的雜質，而熱風爐是為了預熱要送往熔爐的空氣，最後被還原的鐵會沉積在爐底，所以只能煉出鐵。

表　各種碳鋼

種類	含碳率（%）	用途
特軟鋼	＜ 0.08	電線、薄板
極軟鋼	0.08 ～ 0.12	焊接管、窗框、鉚釘
軟鋼	0.12 ～ 0.20	鋼骨、鋼筋、船、車
半軟鋼	0.20 ～ 0.30	船、橋、鍋爐
半硬鋼	0.30 ～ 0.40	車輪、螺栓
硬鋼	0.40 ～ 0.50	汽缸、鐵軌、外輪
超硬鋼	0.50 ～ 0.80	車輪、螺絲、鐵軌、外輪

2-15 什麼是銀？什麼是金？什麼是鉑？——常見的貴重金屬

●銀（Ag）的單體與化合物

銀（Ag）的單體易導熱且導電性佳，在空氣中不易氧化，可當作貴重金屬用於貨幣與裝飾品。銀比較容易和硫反應，銀和硫一起加熱或接觸硫化氫，就會生成黑色的硫化銀（Ag_2S），而且銀可溶於具有氧化力的酸，例如熱濃硫酸與硝酸。

Ag^+ 與氯化物（Cl^-）反應會產生氯化銀（AgCl）的沉澱物。氯化銀等鹵化銀照光，即可分解、析出（液狀物質分離出結晶或固體成分）銀。因此，溴化銀（AgBr）可用作相片的感光劑。

●貴重金屬的代表，金（Au）與鉑（Pt）

不容易以化學方式變成離子，且不容易被酸與氧化劑侵蝕的金屬稱為貴重金屬，包括金（Au）、鉑（Pt）、釕（Ru）、銠（Rh）、鋨（Os）、銥（Ir）等，通常也包括銀。

金具有非常好的延展性，一般可擴展成厚度 0.0001 mm 的金箔，而且 1 g 的金可做成約 3,000 m 長的金絲，是電、熱的優良導體，次於銀、銅。在空氣和水中都非常穩定，不會變色，不會被氧化劑氧化，也不會溶於酸與鹼，但會溶於王水（濃硝酸與濃鹽酸的混合物）而變成氯金酸。

金是特殊金屬，在很多國家被當作貨幣的價值標準，在其他方面也是主角，例如工藝品和裝飾品等。而且，還可用在牙齒醫療、鋼筆的筆尖、玻璃與陶瓷的著色劑、電子工業等方面。

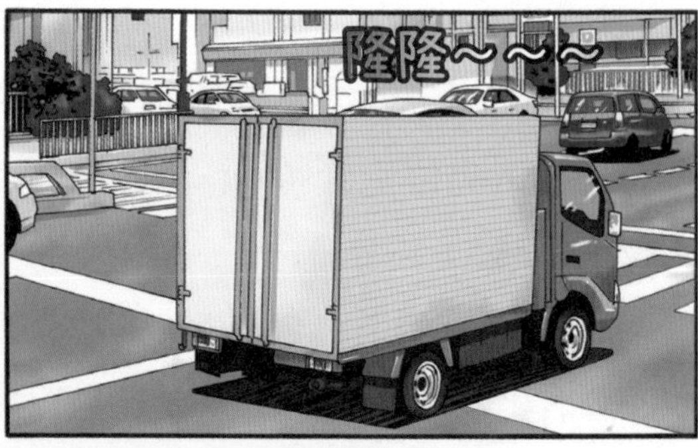
隆隆～～～

咳咳！
咳咳！

卡車的排氣好臭！
因為產生了碳化氫、CO（一氧化碳）、NO_x（氮氧化物）。

盡量使用淨化排氣的汽車觸媒※，就能把廢氣分解成無害的二氧化碳、氮與水。

順帶一提，我的**結婚戒指**……
決定選鉑（**白金**）製的！
啪
啊!?

妳究竟要跟誰結婚？
咳咳！
妳不知道比較好哦！

※ 鉑可作為觸媒來使用。

因為純金的質地太軟，所以一般會與銅、銀、白金族元素做成合金，而合金的等級以克拉來表示。克拉是以純金當作 24 克拉，則金幣就是 21.6 克拉（金 90%），首飾為 18 克拉（金 75%），金筆為 14 克拉（金 58.3%）等。

鉑（Pt）又稱為白金，在空氣與水中都非常穩定，即使高溫加熱也不會有化學變化，抗酸與抗鹼的能力很強，具有非常好的耐腐蝕性，但在王水中會慢慢溶於王水，可做成粉狀與鉑海綿，當作氧化還原反應的觸媒。鉑具有下列多樣用途：度量衡原器、鉑電阻溫度計、實驗用坩鍋、熱電偶、電接點材料、火星塞、電極、化學裝置、裝飾品等。

專欄

水銀的光和影？
——雖然是很方便的金屬，卻對人體有害

常溫下只有水銀是液態的金屬。銀色液態的水銀，表面張力很大，所以灑出來會變成球狀。水銀可溶化各種金屬，可製造水銀合金（汞合金）。古代鍍金的方法是將金溶於水銀，製成金汞合金，將金汞合金塗在青銅佛像上，加熱使水銀蒸發，即會殘留金。聽說日本奈良的大佛利用此法製做，曾經也是金碧輝煌、閃耀奪目呢！

水銀給人有毒的印象，的確，如果將液體的水銀放置在空氣中，會形成蒸氣，一點一點地擴散開來，人若長期吸入水銀蒸氣，會引發中毒症狀。

人們認為水銀「有毒」的最重要原因是，水銀會造成水俣病。水俣病曾發於日本熊本縣的水俣灣周圍地區與新潟縣的阿賀野川的下游地區，這些水銀中毒事件堪稱日本代表性的公害病。

造成此公害的原因是含甲基汞的廢水。這些廢水來自窒素水俣工廠和昭和電工鹿瀨工廠。這些未經處理而排放的甲基汞廢水，經由浮游生物→小魚→中型魚→大型魚→人類等食物鏈，在魚類體內進行高濃度的生物累積，而重複大量攝取這些有毒魚類的人們，就生病了。

第3章

什麼是化學鍵結？

水分子（H_2O）由兩個氫原子與一個氧原子構成，它們是如何結合的呢？本章將介紹結構式、分子式、三個重要的結合方式，以及實驗式等。

3-01 水是奇怪的物質？——固體的冰會浮在液體的水面上

水對我們而言，是最重要、親近的物質，而且是最常見的物質。構成水的氫原子是太空中含量最多的元素，氧原子則是地殼含量最多的元素。水是佔地球表面積七成的海水，可以製造雲、變成雨、改變地形。

水在生物體內負責輸送營養，維持生命。水與我們如此親近，但其實水和其他物質不同，具有奇怪的特性。

水和其他與自己大小差不多的物質分子相比，熔點與沸點異常地高。舉例來說，和水一樣含有兩個氫的硫化氫（H_2S），沸點約為 –60℃，水卻是 100℃；而且一般物質溫度若下降，體積會變小，密度變大，但是水結冰體積卻會膨脹。為什麼會這樣呢？因為**液態水在 4℃的密度最大**。如果 4℃的水繼續冷卻，密度會稍微變小，使體積稍微膨脹。因此，冰的密度比水小，會浮在水面上。此外，水可以溶解很多物質，因此水是生命的起源與進化過程中不可或缺的物質。

為什麼水具有這樣的性質呢？因為**水分子是由氫與氧構成，而水分子的形狀是彎曲的，呈 V 字形**，所以才會有這些性質。

接下來，我將以原子的結合方式、分子的形狀，以及電子的牽引等觀點，來解釋水的秘密。

※　一般的物質溫度下降會變成固體，且體積變小，固體的密度比液體大，因此會沉入液體。然而，水溫度下降而形成固體，體積卻會變大，固態冰的密度比液態水小，所以固態冰會浮在液態水的水面。

3-02 為什麼水是H_2O但氫是H_2？——原子想要變成穩定的電子組態

為什麼水由兩個氫原子和一個氧原子構成呢？一個氫原子和一個氧原子不行嗎？要回答這個問題，必須先理解原子與原子的結合方式。

原子如果有和氦（He）、氖（Ne）、氬（Ar）一樣的電子組態，能量就會穩定。**原子不斷釋出、吸引電子，就是想要成為這種穩定的電子組態**。稀有氣體原子原本就具有穩定的電子組態，很難和其他原子結合，所以能以分子的狀態獨自存在。

但是，為什麼世界上還是有能量不穩定的原子呢？**能量不穩定的**原子為了擁有穩定的電子組態，**相互提供電子，甚至會共用電子**。

以只有一個價電子（在原子最外層的軌域）的氫原子為例，若要成為與自己最相近的穩定電子組態，亦即氦原子（稀有氣體）的電子組態，只有一個電子是不夠的。

於是，兩個氫原子為了增加一個價電子，會共用價電子。如此一來，兩個氫原子便皆可使用兩個電子，電子組態變穩定。因為用了這種方式來共用電子，所以稱為**共價鍵**。氫分子由兩個氫原子構成，所以分子式寫成 H_2。

※ 氟分子有七個價電子，比穩定的稀有氣體氖少一個價電子，所以氟原子會互相提供一個價電子，形成共價鍵，使氟原子的電子組態可變穩定。

那麼，水分子為什麼是 H_2O 呢？水分子是由氫原子和氧原子所構成。如前所述，氫原子的電子組態比穩定的氦少一個電子，氧原子的電子組態比穩定的氖少兩個電子。要怎麼做才能讓氫原子的電子組態變成氦的電子組態，而氧原子的電子組態變成氖的電子組態呢？讓一個氫原子和一個氧原子形成共價鍵，只有氫原子可以變成氦的電子組態，氧原子還是不能變成氖的電子組態，因為還少一個電子。

因此必須如圖 3-2-1 所示，一個氧原子和兩個氫原子形成共價鍵，全部的原子才會形成穩定的電子組態。藉此方式，不穩定的氫原子和氧原子會結合成穩定的型態。氫原子和氧原子構成的水分子，由兩個氫原子和一個氧原子構成，因此水分子的分子式為 H_2O。

有比較簡單的電子組態表示方法，稱為路易士結構。如圖 3-2-2，元素符號周圍的價電子以「●」和「○」來表示。

此外，還有更簡單的表示方法，如圖 3-2-3 所示，以「－」（鍵結）連接共用電子的共價鍵電子對，這稱作結構式，而未共用電子的電子對則可以省略不標示。

水是不穩定的氫（H）和氧（O）共用電子，結合而成的。
圖 3-2-1
氫
氧
氫
1+
8+
1+
He型
Ne型
He型
元素符號
元素符號周圍的價電子以●表示

這是水的電子點式，●表示氫原子的價電子，○表示氧原子的價電子。
圖 3-2-2
H ● ○ ● H

這是水的結構式，只有氫原子與氧原子共用的電子●○換成「－」，未共用的其他電子可以省略不標示。
原來如此。
圖 3-2-3
H－O－H

3-03 結構式怎麼寫？
——記住訣竅即可輕鬆運用

其他分子能夠寫出怎樣的結構式呢？寫結構式有訣竅，結合的「－」（鍵結）會因原子的種類而數量不同，且取決於價電子的狀態。

氫原子的價電子是一個，如果再獲得一個電子，形成共價鍵，鍵結為一。氧的價電子是六個，如果再獲得兩個電子，形成共價鍵，則鍵結為二。以這樣的方式思考，氮原子的鍵結即為三，碳原子的鍵結為四（圖 3-3-1）。

把電子鍵結想成原子的手，所有原子的手皆互握、結合起來，結構式就完成了。水分子以圖畫表示，會變成圖 3-3-2，氫有一隻手，氧有兩隻，所有的手皆牽起來。

●寫出各種分子的結構式（參照圖 3-3-3）

1 氮原子（N）與氫原子（H）構成的分子

氮原子的鍵結為三，氫原子為一，於是，要全部連結起來，必須讓一個氮原子與三個氫原子結合，形成 NH_3，稱為氨。

2 碳原子（C）與氫原子（H）構成的分子

碳原子的鍵結為四，氫原子為一，於是必須讓一個碳原子與四個氫原子結合，形成 CH_4，稱為甲烷。

碳原子（C）與氫原子（H）構成的分子有許多地方需要斟酌，假設碳原子有兩個，要想想看氫原子的數量必須變為多少。此外，除了只用一個「－」連接的單鍵（一般的共價鍵），還有兩個「－」連接的雙鍵與三個「－」連接的參鍵。

3 兩個碳原子（C）與六個氫原子（H）構成的分子

稱作乙烷（C_2H_6）。

4 兩個碳原子（C）與四個氫原子（H）構成的分子

稱作乙烯（C_2H_4）。

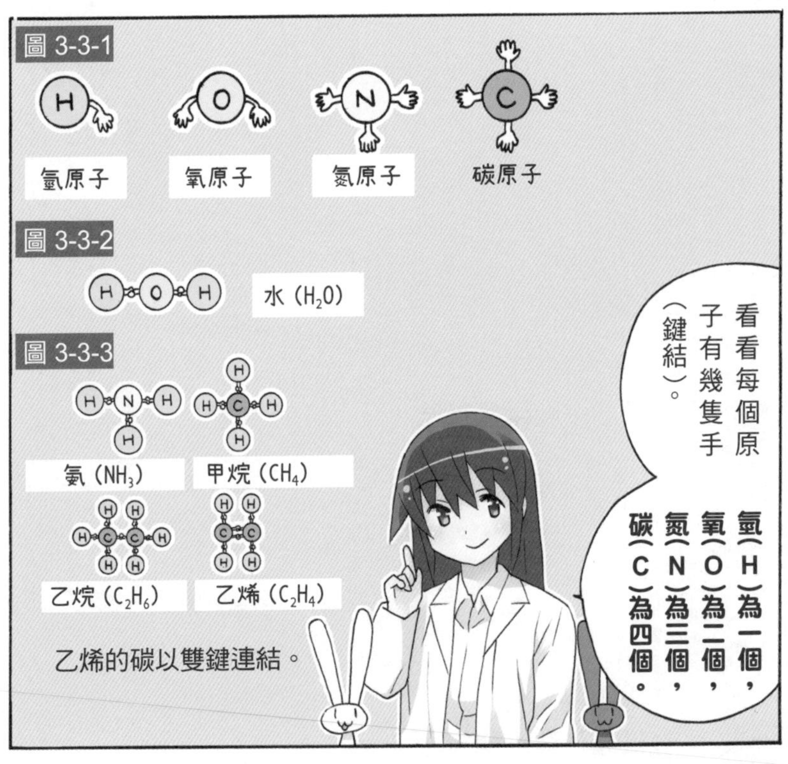

練習 1
寫出結構式和分子式

請自己寫出以下幾個物質的結構式和分子式吧！
依照題目所示的原子種類與數量，寫出分子的結構式和分子式。

問題 1　三個碳原子與八個氫原子

問題 2　兩個碳原子與兩個氫原子

問題 3　一個碳原子與兩個氧原子

問題 4 兩個氮原子

問題 5 兩個碳原子、一個氧原子與六個氫原子

問題 6 一個氫原子、一個碳原子與一個氮原子

問題 7 兩個碳原子、兩個氧原子與四個氫原子

※ 解答在第 124 頁

3-04 實際的水分子是什麼形狀？
——水分子以立體的方式構成

水分子會構成什麼樣的形狀呢？一個原子周圍的鍵結電子對、孤電子對等，電性會相互排斥，最後遠離彼此，構成平衡的結構。

從這個觀點來看，可以說：有兩個電子，會往相反的方向，配置成直線形；有三個電子，會形成三角形；有四個電子，會形成四面體。

以二氧化碳為例，碳原子有兩組鍵結電子對，而沒有孤電子對。這兩組鍵結電子對的電性互斥，使二氧化碳呈直線狀。此外，雖然氧原子有兩個孤電子對，但並沒有結合任何原子，所以不影響二氧化碳的形狀。

水有兩組鍵結電子對、兩組孤電子對，總共有四個電子對，雖然會形成四面體，但因為各電子對的種類不同，排斥力也不同，所以無法形成正四面體。此外，孤電子對之間的排斥力比鍵結電子大，所以鍵結電子對的鍵角（兩個相鄰的鍵結形成的夾角）會比較小，使水分子（H_2O）呈折線形。分子的形狀決定於各原子的結合方式，因此鍵結電子對之間的排斥力與孤電子對的排斥力不同，就會影響水分子的形狀。

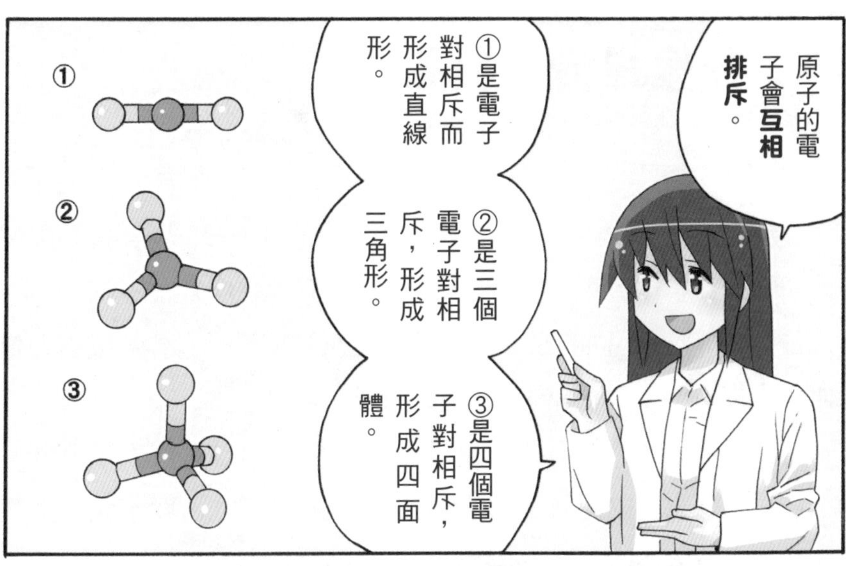
原子的電子會**互相排斥**。
①是電子對相斥而形成直線形。
②是三個電子對相斥，形成三角形。
③是四個電子對相斥，形成四面體。
①
②
③

原子的分布位置等於**鍵結電子對**的分布位置。
當然，孤電子對不會結合原子。
C
鍵結電子對
孤電子對

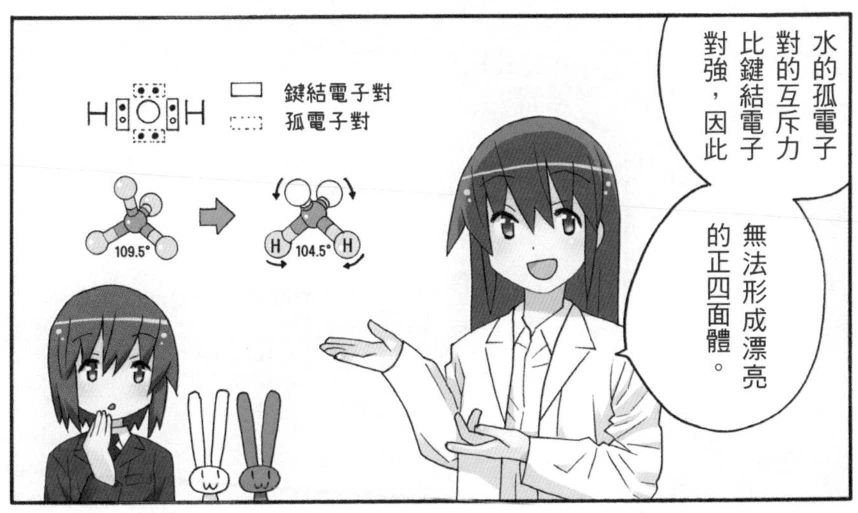
水的孤電子對的互斥力比鍵結電子對強，因此
無法形成漂亮的正四面體。
H
H
鍵結電子對
孤電子對
109.5°
H
104.5°
H

3-05 什麼是分子極性？
——受到電負度與分子形狀影響

兩個相同的原子形成共價鍵，鍵結電子對（－）同樣會被兩個原子的原子核（＋）吸引，此時，鍵結電子對會平均分布。

相對於此，不同的原子形成共價鍵，鍵結電子對會被吸引力道較強的原子所吸引，而偏向某一邊的原子。

分子內的原子吸引鍵結電子對的力量以相對數值表示，就是**電負度**。週期表中除了稀有氣體，越往右上方，電負度越大（陰性越強）。反之，越往左下方，電負度越小（陽性越強）。

以鹽酸（HCl）為例，氫原子（H）的電負度為 2.1，氯原子（Cl）的電負度為 3.0，鍵結電子對（－）會被拉至氯（Cl）那一邊。

因此，氯原子會帶一點負電（$\delta-$），氫原子會帶一點正電（$\delta+$）。使鍵結電子對偏向某一邊原子的結合，就是具有**極性**。

兩個原子構成分子如果是非極性的結合，例如 H － H，那麼分子整體即屬於非極性；如果是極性的結合，例如 H － Cl，那麼分子整體即屬於極性。

三個以上的原子構成分子，分子的形狀會與極性有關。以二氧化碳為例，C=O 是極性，分子呈直線形，但兩個 C=O 的極性大小相等，方向相反，所以會互相抵消，使分子整體呈非極性；甲烷是正四面體，極性互相抵消，使分子整體呈非極性。

然而，以水為例，H － O 是極性，分子呈折線形，因此兩個 H － O 的極性無法互相抵消，所以分子整體是極性。

圖 3-5-1　什麼是電負度？

氫分子

如果每個原子的電負度相同，就是非極性。

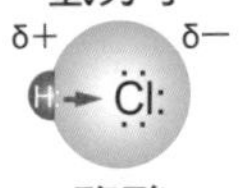

鹽酸

每個原子的電負度不同，就是極性。以鹽酸為例，電子會被電負度較大的氯（Cl）拉走。

圖 3-5-2　元素的電負度

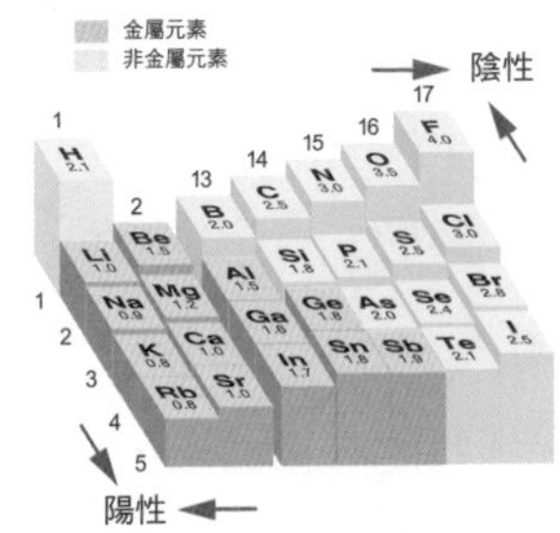

越往週期表右上方，電負度越大

圖 3-5-3　結合是非極性，分子整體也是非極性。

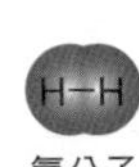

氫分子

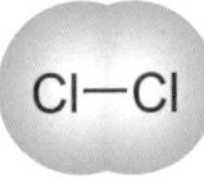

氯分子

圖 3-5-4　結合是極性，分子整體是非極性。

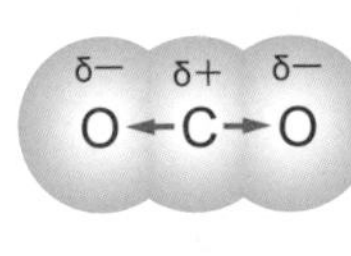

二氧化碳

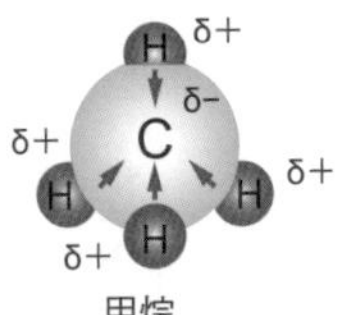

甲烷

圖 3-5-5　結合是極性，分子整體也是極性。

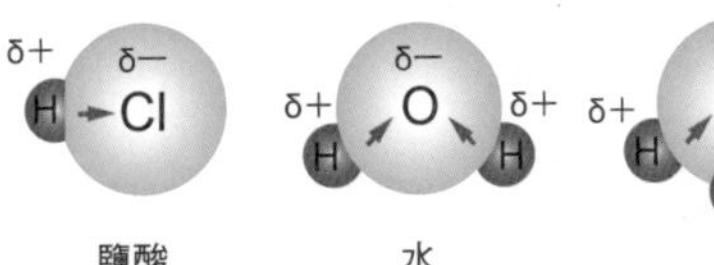

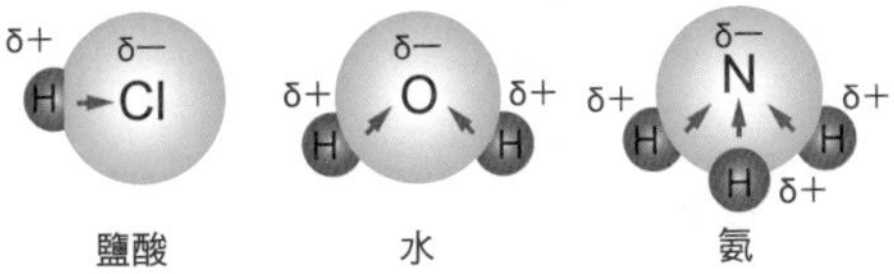

3-06 水分子的特殊性質是什麼？——取決於水的極性與分子的形狀

如上一節所說，構成水分子的氫原子與氧原子的電負度差異較大（氫原子的電負度為 2.1，氧原子的電負度為 3.5），而且分子的形狀是「折線形」，所以極性強。

相鄰的分子互相吸引時，帶正電的氫原子與帶負電的氧原子，電性吸引力比一般極性分子強。

這種以氫原子為媒介，像相鄰的分子互相吸引一樣的鍵結稱為氫鍵。

形成氫鍵的分子因為相鄰分子的互相吸引力較大，分子難以分離，所以具有氫鍵的水分子不易蒸發，**沸點比其他大小相似的分子高**。

很多物質形成固體，分子會彼此緊密相連，所以固體的密度比液體大，會沉入液體。

然而，冰的結晶是一個水分子與四個水分子形成氫鍵，構成間隙較大的結晶（請參照右圖）。因此，水結凍成冰，體積會增加，密度變小，所以固體的冰會浮在水（液體）面上。

水雖然是地球上常見的物質，但**因為氫原子與氧原子的電負度差異很大，使水分子呈折線形，所以和其他大小相似的分子具有不同的性質**。

圖 3-6 冰的結晶結構與氫鍵

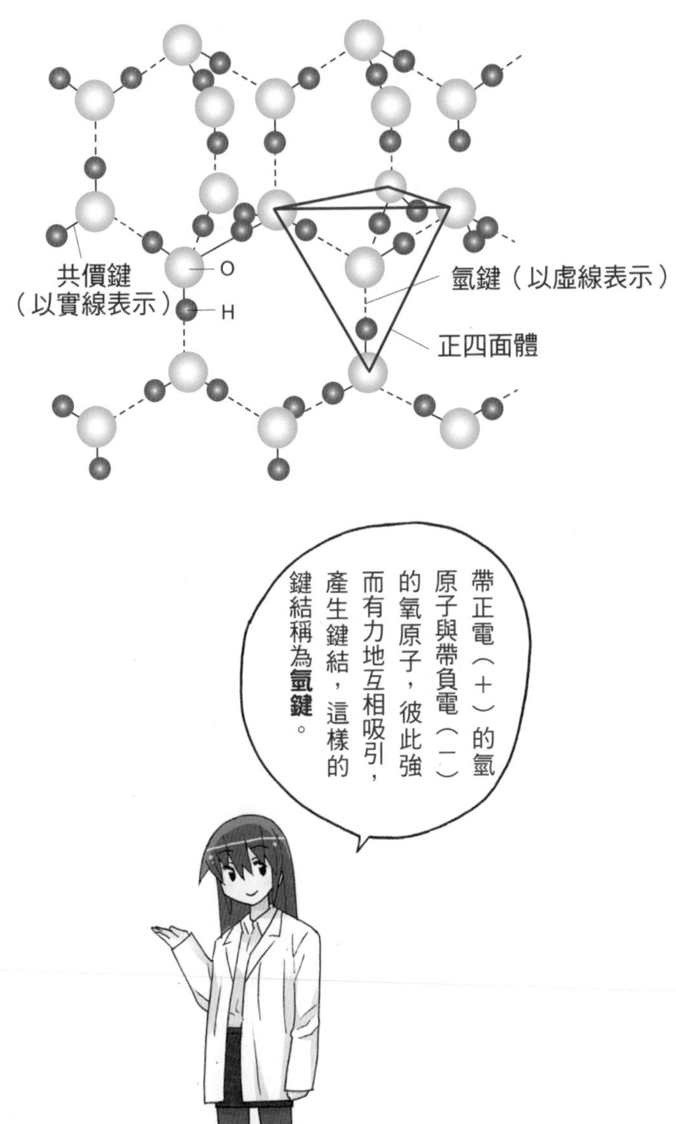

3-07 離子結晶的鍵結力是什麼？——以靜電力結合

食鹽的主要成分氯化鈉（NaCl），跟水一樣以「分子」的形式存在嗎？「氯化鈉分子」存在嗎？氯化鈉的鈉原子（Na）與氯原子（Cl）的電負度差異非常大（鈉原子的電負度為 0.9，氯原子的電負度為 3.0），鈉原子的電子非常偏向氯原子的方向（圖 3-7-1）。

$$Na \rightarrow Na^{+} + e^{-}$$ （e^{-}為電子）

$$Cl + e^{-} \rightarrow Cl^{-}$$

氯化鈉的結晶如圖 3-7-2 所示，大多數的鈉離子與氯離子皆以 1:1 的比例形成規律排列的離子結晶形狀。

圖 3-7-1　移動的電子（e⁻）

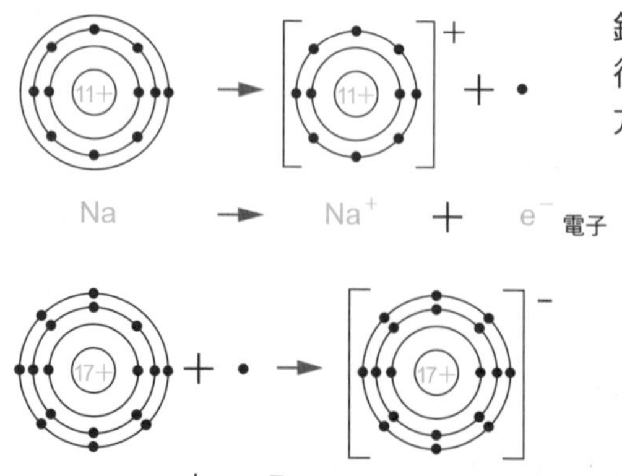

鈉離子（Na^+）為陽離子，氯離子（Cl^-）為陰離子，兩者藉由正負電荷之間的靜電力（庫倫力）互相吸引而鍵結。這種藉由靜電力形成的鍵結，稱為離子鍵（圖 3-7-3）。離子結晶就是藉由離子鍵而緊密結合的，因此硬度較硬，熔點也較高。

圖 3-7-2 氯化鈉的結晶

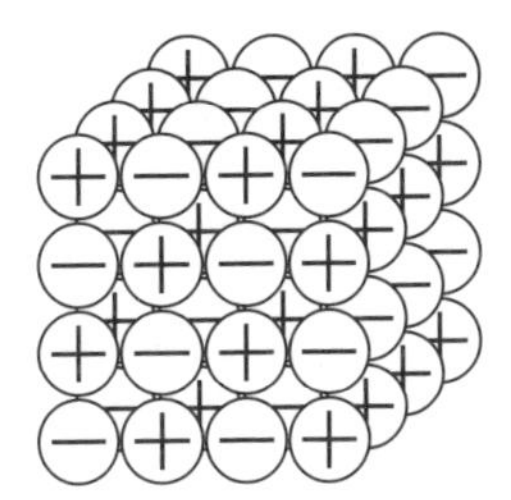

實際的形態→ Na_nCl_n

表現方式

NaCl

Na^+ : Cl^- = 1:1

表示元素種類與組成比的化學式 = 實驗式

氯化鈉的結晶由鈉離子（Na^+）與氯離子（Cl^-）以 1:1 的比例規律排列而成。

圖 3-7-3 什麼是離子鍵？

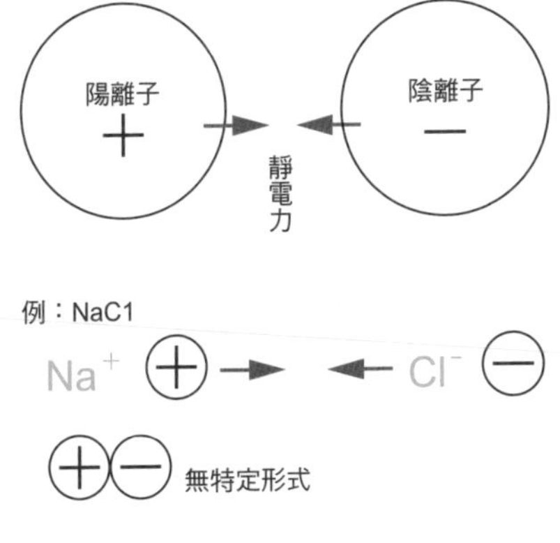

3-08 什麼是實驗式？——離子結晶的化學式

離子結晶是以陽離子與陰離子結合的方式，以一定的比例鍵結而成，此種鍵結稱為離子鍵，以實驗式來表示。實驗式就是將分子所含的離子數，以簡單的整數比來表示的化學式。例如，氯化鈉的 Na^{+}與 Cl^{-}的數量比為 1:1，所以實驗式為 NaCl；氯化鎂的 Mg^{2+}與 Cl^{-}的數量比為 1: 2，所以實驗式為 $MgCl_2$。

	離子的電荷	離子數量		電荷合計
Mg^{2+}	（2+）	（2+）×1	=	2+
Cl^{-}	（1–）	（1–）×2	=	2–
$MgCl_2$				0

●寫實驗式的步驟

1 **以陽離子＋陰離子的順序排列，離子右上方的數字與記號「＋、－」省略。**

2 **調整「離子的電荷」與「離子的數量」，使電荷合計為 0。**

※ 離子的數量寫在右下角，1 可省略。

3 **若多個原子的離子有兩個以上，用（　）括在一起。**

●離子結晶的命名方式

離子結晶的命名方式是拿掉「離子」的字眼，把陰離子放在前面，陽離子放在後面（參考右頁）。

（陰離子名稱－離子）+（陽離子名稱－離子）

●實驗式的書寫方法

1 依陽離子 + 陰離子的順序排列。

2 調整離子的電荷與離子的數量。

3 若多個原子的離子有兩個以上，用（　）括在一起。

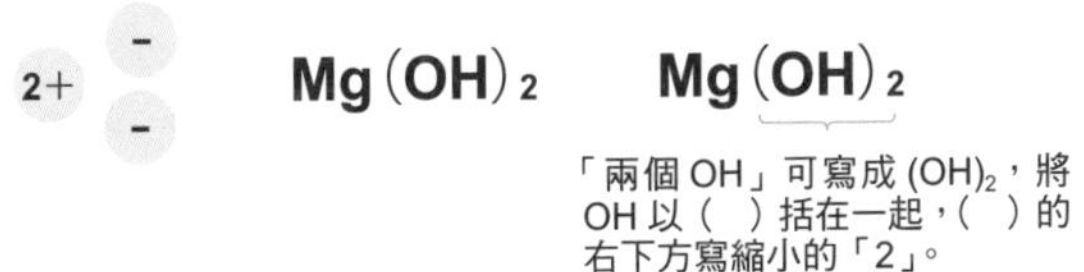

●離子結晶的命名方式

（陰離子名稱－離子）+（陽離子名稱－離子）

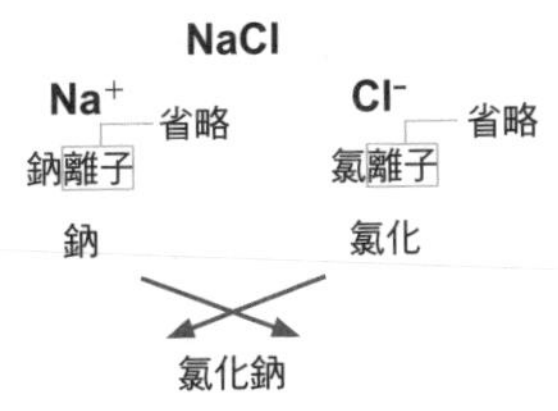

練習2

寫出實驗式

請將下列離子組合成實驗式填入空格，寫出離子結晶的實驗式（上方空格）與物質名稱（下方空格）

陰離子／陽離子	Cl^-	O^{2-}	OH^-	SO_4^{2-}
Na^+	①	⑤	⑧	⑫
Ca^{2+}	②	⑥	⑨	⑬
Al^{3+}	③	⑦	⑩	⑭
NH_4^+	④		⑪	⑮

・**提示 1**

Na^+	鈉離子	Cl^-	氯離子
Ca^{2+}	鈣離子	O^{2-}	氧離子
Al^{3+}	鋁離子	OH^-	氫氧根離子
NH_4^+	銨離子	SO_4^{2-}	硫酸根離子

（＊註：這不是化合物的形成）

・**提示 2**

NH_4^+與 SO_4^{2-}的 NH_4 與 SO_4 是一個組合，不會拆開。

※ 解答在第 126 頁。

3-09 金屬原子的鍵結力是什麼？——金屬鍵有自由電子的幫忙

元素可分為金屬元素與非金屬元素，金屬元素構成的鍵結稱為金屬鍵。那麼，金屬（例如鐵、鋁等）是如何構成金屬鍵的呢？

很多的金屬原子聚集在一起構成金屬物質，原子所擁有的價電子就會離開原子，並在整個金屬內部到處移動，這種電子稱為自由電子，而藉由自由電子構成的金屬原子間鍵結，就是金屬鍵。

金屬的特徵如下所述，這些特徵都與自由電子有關。

· **金屬特徵**

1 易導電導熱

透過自由電子的移動來傳送電與熱。

2 金屬光澤

自由電子會反射光線，而形成獨特的光澤。

3 延展性

因為金屬原子無法構成固定結構。

離子之間如果位置相互錯開就會因靜電力互斥而使鍵結斷裂，但金屬卻具有可延伸的性質（延性），以及可擴展成薄片的性質（展性），不會斷裂。

這是因為自由電子發揮「接著劑」的功用，將金屬原子結合在一起，所以即使施加外力使原子的排列錯開，原子的結合仍會透過自由電子來維持。

金屬鍵是指電子在很多金屬原子之間自由移動。
此時的電子稱為自由電子，因為金屬具有自由電子，所以被敲打會延展變薄。
自由電子
金屬原子

會變薄這點和妳很像耶！
紙片人
你是想吵架嗎？找碴嗎？
好了好了，但是你們知道為什麼金屬可以變薄嗎？

不知道耶……怎麼做到的？
自由電子做了什麼嗎？

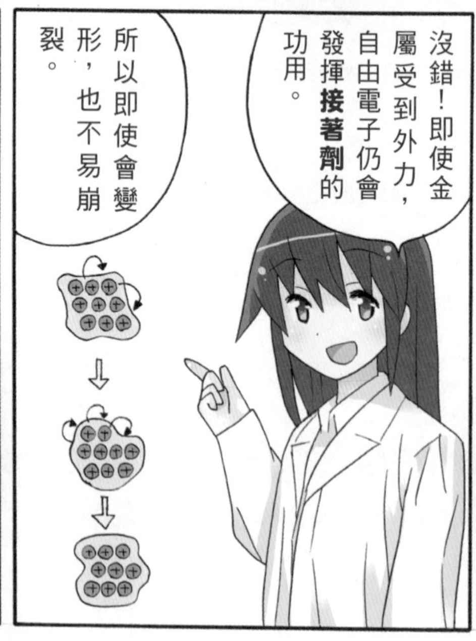
沒錯！即使金屬受到外力，自由電子仍會發揮接著劑的功用。
所以即使會變形，也不易崩裂。

妳被敲打的話，或許身高就會拉長呢！哈哈！
咻
今晚就來煮兔子火鍋吧！

表 三種鍵結及其特徵

共價鍵	由非金屬元素構成分子。
離子鍵	由金屬元素與非金屬元素構成離子結晶，如果施加外力而使離子錯開，就會因靜電力互斥而崩裂。
金屬鍵	由金屬元素構成金屬結晶，如果施加外力，原子就會移動而變形，但不會崩裂。

練習1　解答

問題 1

三個碳原子與八個氫原子

C_3H_8

丙烷（家庭用燃料氣體）

```
      H   H   H
      |   |   |
  H — C — C — C — H
      |   |   |
      H   H   H
```

問題 2

兩個碳原子與兩個氫原子

C_2H_2

乙炔（焊接用氣體）

H — C ≡ C — H

問題 3

一個碳原子與兩個氧原子

CO_2

二氧化碳

O ═ C ═ O

問題 4

兩個氮原子

N_2

氮氣

N ≡ N

問題 5

兩個碳原子、一個氧原子與六個氫原子

可構成下列兩種結構式，這種關係稱為同素異構物。

C_2H_5OH

乙醇（食用酒精）

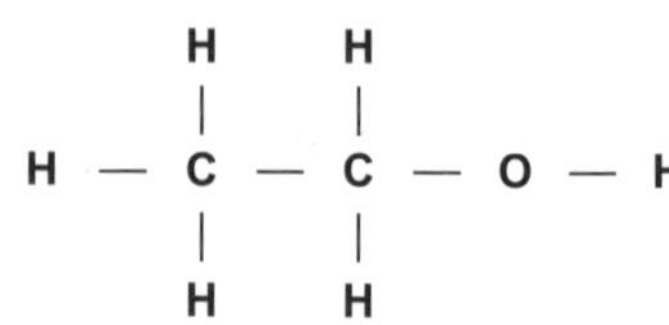

CH_3OCH_3
甲醚

```
     H       H
     |       |
H —  C — O — C — H
     |       |
     H       H
```

問題 6

一個氫原子、一個碳原子與一個氮原子

HCN
氰化氫（又稱為氰酸，為劇毒）

```
H — C ≡ N
```

問題 7

兩個碳原子、兩個氧原子與四個氫原子
可構成好幾種同素異構物，但一般來說，只有下列物質存於自然界。

CH_3COOH
醋酸（食用醋中大約含有 4%）

```
     H
     |
H —  C — C = O
     |   |
     H   O — H
```

※ ＝意指雙鍵，≡意指參鍵。

練習2　解答

① NaCl：氯化鈉

→食鹽的主要成分，佔海水的 3%。

② $CaCl_2$：氯化鈣

→可作為乾燥劑使用，是凝固豆腐的「鹽滷」之成分。

③ $AlCl_3$：氯化鋁

→將鋁溶於鹽酸而成，聚氯化鋁可作為下水道的混凝劑（吸附微粒子並凝結）。

④ NH_4Cl：氯化銨

→可用作合成肥料，氨氣與氯化氫氣體反應會產生白煙，此白煙即氯化銨。

⑤ Na_2O：氧化鈉

→白色固體。

⑥ CaO：氧化鈣

→又稱作生石灰，因為具有吸收水氣的特性，可用作乾燥劑，而且吸收了水氣會放熱，所以也可作為加熱劑使用。

⑦ Al_2O_3：氧化鋁

→又稱作礬土，為金屬鋁的原料。

⑧ NaOH：氫氧化鈉
→又稱作苛性鈉或燒鹼，水溶液呈強鹼性，可作為工業用原料。

⑨ $Ca(OH)_2$：氫氧化鈣
→又稱作消石灰，水溶液為石灰水，與二氧化碳反應會產生白色沉澱生物。

⑩ $Al(OH)_3$：氫氧化鋁
→可溶於酸，亦可溶於鹼。

⑪ NH_4OH：氫氧化銨
→雖然可以拼在一起寫，但實際上已分解成氨（NH_3）和水（H_2O），所以 NH_4OH 不存在於自然界。

⑫ Na_2SO_4：硫酸鈉
→溶於水會吸熱，可作為冷卻劑使用。

⑬ $CaSO_4$：硫酸鈣
→石膏的主要成分，是粉筆的材料。

⑭ $Al_2(SO_4)_3$：硫酸鋁
→可用作泡沫滅火器或上水道淨水的沉澱劑。

⑮ $(NH_4)_2SO_4$：硫酸銨
→又稱作硫銨，是氮肥原料的一種。

專欄

負離子是什麼？

——不是化學定義的陽離子、陰離子

鹼性離子、離子飲料、負離子、空氣離子、自動除菌離子、奈米水離子、電漿離子、大氣離子……哎呀！這世界充斥著令人搞不清楚意思的「離子」呢。

尤其是「負離子」，標榜著對健康有益，但它和前文所述的陽離子、陰離子不同，並非科學上的名詞，而是日本為了商業買賣所創造的稱呼，實質意義並不明確。

自動除菌離子、奈米水離子也是綜合電器製造廠商所創造的名詞，並非科學用語，它所聲稱的功效好像也沒有充分獲得科學證實。

鹼性離子雖然的確是鹼性離子淨水器的機器製造出來的鹼性離子水，但簡單來說，這就是呈弱鹼性的「稀石灰水（氫氧化鈣水溶液）」，如同一本日文書《水什麼都不知道喔》（左卷健男著，Discover 21，2007）所述，是否對健康有功效還是個疑問。

此外，氣象學等領域，為了說明雷在不應該導電的空氣中卻能傳遞的機制，假設了「大氣離子」的存在，亦非化學用語。而大氣離子有分「帶正電的大氣離子」與「帶負電的大氣離子」。

第4章

什麼是「莫耳」？

莫耳（mol）是表示粒子（原子和分子等）數量的單位。
本章將從「莫耳是什麼？」的基礎開始解說，介紹莫耳如何換算為粒子數量、質量與體積。

4-01 莫耳（mol）是什麼？
——粒子（原子與分子等）數量的單位

自然現象包羅萬象，每一種都有測量的單位，例如，物體的移動距離能以「m（meter，公尺）」為測量單位，移動時間則能以「秒」為測量單位。

化學反應的測量單位是什麼呢？

想知道多少的物質進行反應，會生成多少的物質，可利用原子量。粒子（原子和分子等）的數量會影響化學反應，這一點會反映於化學式與自然現象（參照右頁）。

然而，我們不可能一個一個計算粒子數量，所以我們以物量來代表，單位是莫耳（mol）。

化學反應可分為無法直接以肉眼看到的微觀，以及肉眼可看到的宏觀，而物量是「連繫微觀與宏觀的橋梁」。

我們無法實際算出粒子有幾個，但我們知道物量和粒子數量成正比。換成話說，莫耳可以說是「粒子（原子和分子等）數量」的單位。

舉例來說，以下是甲烷燃燒的化學反應式。

$$CH_4 \quad + \quad 2O_2 \quad \rightarrow \quad CO_2 \quad + \quad 2H_2O$$

觀察此化學反應式，可由「反應物與生成物」的係數得知「各自的粒子數量」。

1 甲烷（CH_4）和氧（O_2）反應，產生二氧化碳（CO_2）和水（H_2O）。

2 一個甲烷（CH_4）和兩個氧（O_2）反應，產生一個二氧化碳（CO_2）和兩個水（H_2O）。

意思是甲烷和氧以 1:2 的比例進行反應，並以 1:2 的比例產生二氧化碳和水。

表 化學反應式的數量關係

CH_4	+	$2O_2$	→	CO_2	+	$2H_2O$
1 個	+	2 個	→	1 個	+	2 個
2 個	+	4 個	→	2 個	+	4 個
3 個	+	6 個	→	3 個	+	6 個
⋮		⋮		⋮		⋮
1,000 個	+	2,000 個	→	1,000 個		2,000 個

4-02 1莫耳是多少的量？

——6.02×10^{23}的龐大數量

袋子裡有幾顆棒球呢？當你看不見袋子裡面，你知道裝了幾顆球嗎？假設你已經知道一顆球的重量是 148 g，裝球的袋子比球輕很多，所以可以忽略袋子的重量。

如此一來，你只要量測裝球的袋子有多重（假設為 1480 g），這時即可以這樣算：

1480（g） ÷ 148（g / 個） = 10（個）

由此可知，袋裡裝了十顆球。同樣地，假設你知道一個粒子的質量與全體的質量，就算不直接計算粒子的數量，也可以知道共有幾個粒子。

於是，科學界決定了一套國際單位制（SI※），定義「**若物質所含有基本單元的數量與 0.012 公斤的碳 12 所含的原子數量相同，此數量即為 1 莫耳**」。也就是，以碳原子（原子量 12）為標準，將 1 莫耳定義成「與 0.012 kg（12 g）碳 ^{12}C 的原子數量相等的數量」。

一個碳原子（原子量 12）的質量是 1.9926×10^{-23} g，12 g 除以 1.9926×10^{-23} g 就可得知 1 mol 碳原子的數量，亦即 6.02×10^{23}，這個數稱為「**亞佛加厥常數**」，單位是 **mol^{-1}**。亞佛加厥這個名字雖然是以義大利出生的化學家阿密迪歐．亞佛加厥的名字來命名的，但他並不是發現亞佛加厥常數的人（請參照 4-09 p.150）。

※The International System of Units

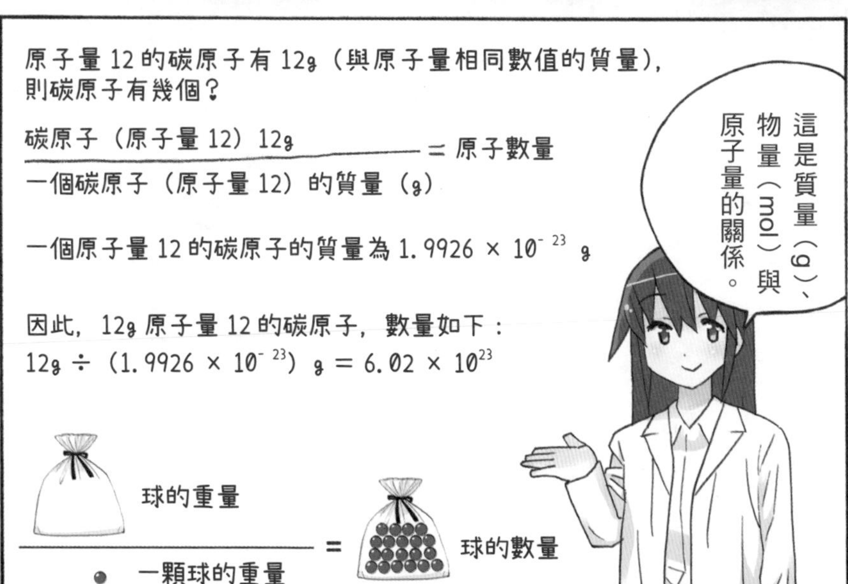

原子量 12 的碳原子有 12g（與原子量相同數值的質量），則碳原子有幾個？

$$\frac{\text{碳原子（原子量 12）12g}}{\text{一個碳原子（原子量 12）的質量（g）}} = \text{原子數量}$$

一個原子量 12 的碳原子的質量為 1.9926×10^{-23} g

因此，12g 原子量 12 的碳原子，數量如下：

$12\text{g} \div (1.9926 \times 10^{-23})\ \text{g} = 6.02 \times 10^{23}$

$$\frac{\text{球的重量}}{\text{一顆球的重量}} = \text{球的數量}$$

4-03 指數是什麼？——輕鬆表示龐大數量的方便「道具」

前文已算出 1 莫耳（mol）的碳原子數量 6.02×10^{23}。但是「10^{23}」到底是怎樣的數字呢？其實就是「10× 10 × 10 × ……」，意思是指「10 乘 23 次」。「10 乘 23 次」可表示成在 10 的右上方寫小小的「23」，而 23 即稱為**指數**。

10 乘 23 次會變成「1000,0000,0000,0000,0000,0000（一千垓）」（這裡為了方便理解，每四位數放一個逗點）。這麼大的位數，必須一個個計算「0」的數量才可知道單位是多少，而且常會算錯。

於是，為了簡單表示極大的數字，我們使用了**指數的表現方式**。

圖 4-3 指數是什麼？

10^{23} ——指數

表 一般表示方式與指數表示方式

一般表示方式	指數表示方式	位數
10	10^{1}	十
100	10^{2}	百
1,000	10^{3}	千
10,000	10^{4}	萬
100,000	10^{5}	十萬
1,000,000	10^{6}	百萬
10,000,000	10^{7}	千萬
100,000,000	10^{8}	一億
1,000,000,000	10^{9}	十億
10,000,000,000	10^{10}	百億
100,000,000,000	10^{11}	千億
1,000,000,000,000	10^{12}	一兆
10,000,000,000,000	10^{13}	十兆
100,000,000,000,000	10^{14}	百兆
1,000,000,000,000,000	10^{15}	千兆
10,000,000,000,000,000	10^{16}	一京
100,000,000,000,000,000	10^{17}	十京
1,000,000,000,000,000,000	10^{18}	百京
10,000,000,000,000,000,000	10^{19}	千京
100,000,000,000,000,000,000	10^{20}	一垓
1,000,000,000,000,000,000,000	10^{21}	十垓
10,000,000,000,000,000,000,000	10^{22}	百垓
100,000,000,000,000,000,000,000	10^{23}	千垓

4-04 原子量是什麼？

——以氫原子的質量為1，比值是多少？

不同的原子種類，大小和質量也不同，最輕的原子是氫原子，它的質量為 0.00000000000000000000000167 g，數值出乎意料地小。

大約 600,000,000,000,000,000,000,000 個氫原子集中在一起，也才 1 g。其他原子的質量也非常小，直接使用這麼小的數值會非常不方便。

於是，我們以最輕的氫原子質量為標準，把它定義成「1」，藉此定出各種原子的相對質量。這樣一來，碳原子的質量即是氫原子質量的十二倍，氧原子的質量為十六倍，所以原子質量不是以 g 來表示，而是以相對的比值來表示，這樣表示會非常容易懂。也就是，**以某個原子的質量為標準，來定出相對的比值就是原子量**。

●原子量、分子量與式量是什麼？

在原子概念還不清楚的年代，科學家以想像力與實驗結果為基礎，收集相同數量的各種元素，以此做出質量比，來決定原子量。並根據質量守恆定律與定比定律，以某一個原子的質量為標準，比較其他原子是標準原子質量的幾倍。

這種原子質量，並不是「某個原子是幾 g」的絕對值，而是相對的比值。**現在，我們以碳原子（C）為標準**，把它的質量定為 **12**，推出各元素的原子量，如右頁表的概數。而且因為原子量是相對的比值，所以沒有單位。

分子量使用和原子量相同的方式來表示，是分子質量的相對值。分子量是將構成分子的所有原子量加總求出的。

此外，全由離子構成的化合物，以及不是以分子為單位的物質（例如金屬），會使用式量來取代分子量。式量和分子量一樣，是將構成實驗式的所有原子量加總求出的。

表 代表性元素的原子量概數

元素	氫(H)	碳(C)	氮(N)	氧(O)	鈉(Na)	鎂(Mg)	鋁(Al)	硫(S)	氯(Cl)	鉀(K)	鈣(Ca)
原子量	1	12	14	16	23	24	27	32	35.5	39	40

4-05 什麼是質量數、原子序？

——質子數與中子數的總和為質量數

原子的中心有原子核，原子核周圍有電子，且原子核內有帶正電的質子與未帶電的中子。

原子的質量幾乎全由質子與中子的數量來決定，而質子數與中子數的和稱為質量數。舉例來說，氦原子的原子核由兩個質子與兩個中子所構成，所以質量數為 4。質量數會寫在元素符號的左上方（圖 4-5-1）。而且，原子核內的質子數取決於元素的種類，所以質子數稱作元素的原子序，原子序會寫在元素符號的左下方（圖 4-5-1）。

●同位素是什麼？

大部分碳原子的原子核皆由六個質子與六個中子構成，但具有七個中子的碳原子也佔了自然界 1.1%（圖 4-5-2）。由此可知，即使是相同元素的原子，也有中子數不同的「兄弟」，這樣的原子即互為同位素。

雖然同位素的原子質量不同，但化學性質幾乎相同，很多元素具有好幾種同位素。存在於大自然的元素，其同位素的存在比例幾乎是固定的，因此，元素的原子量可從同位素的相對質量與存在比例，來求平均值。

舉例來說，你可以由氯的同位素 ^{35}Cl、^{37}Cl 求出氯（Cl）的原子量（圖 4-5-3）。

圖 4-5-1 質量數與原子序的意思與表示方式

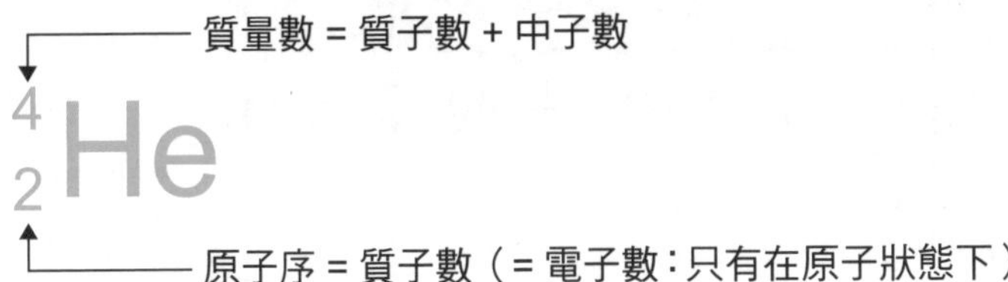

圖 4-5-2 碳的同位素範例

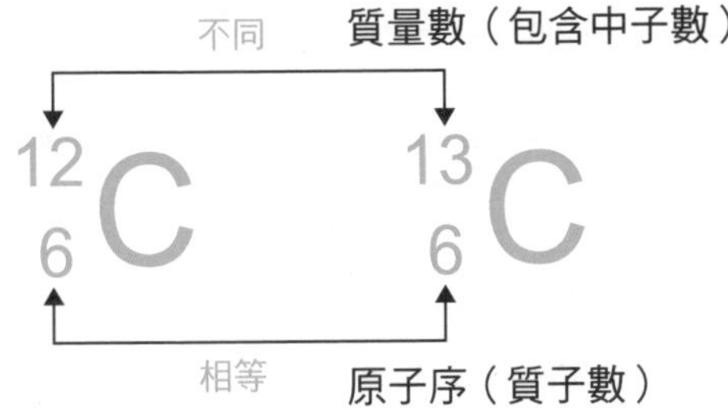

圖 4-5-3 將同位素納入考量的原子量求法

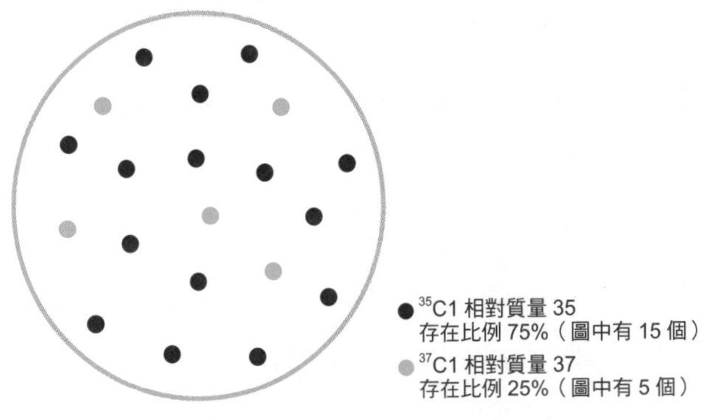

根據上述條件，由相對質量與存在比例求出平均值，可得出原子量，如下：

$$35.0\times\frac{75}{100}+37.0\times\frac{25}{100}=35.0\times\frac{15}{20}+37.0\times\frac{5}{20}=35.5$$

變化一下就能知道，這和平常求平均值的公式是一樣的。

$$35.0\times\frac{15}{20}+37.0\times\frac{5}{20}=\frac{35.0\times15+37.0\times5}{20}=35.5$$

此外，碳的原子量雖然一般定義為 $^{12}C=12$，但納入同位素所得的平均值，並不是 12.0。

4-06 如何決定原子量的標準？
——人類曾將氧原子的質量設為16

前文解說原子量標準是將碳原子質量設為12，但是「標準為12」有點奇怪，通常標準會定成「1」吧，當初為什麼會選用碳原子當作標準呢？這可是有一段很長的歷史。

大約在一八〇三年，義大利的化學家約翰・道爾頓為了說明著名的「質量守恆定律」與「倍比定律」，發表了「原子說」。當時，道爾頓根據「每個原子的質量皆不同」的想法，將最輕的氫原子作為標準，求出原子的質量比。這就是原子量的由來。然而，這個推論不太正確。

之後，約從一八一八年開始，瑞典化學家永斯・貝采里烏斯使用易合成化合物的氧，求出如今看來仍相當正確的原子量。然而，他將標準的氧原子量設為100，所以金、鉑等較重的金屬，原子量超過了1000，反而變成難以處理的數值。

一八六五年，為了解決這個問題，比利時的化學家珍・斯塔斯提倡將標準的氧原子量定為16，藉此調小原子量的值，並使最輕的氫原子量逼近1。因此這套系統成為了國際上的統一標準，可是，即使如此還是不斷產生問題。

●物理學與化學的矛盾

一九五九年以前，IUPAP（國際純粹暨應用物理學聯合會）將質量數16的氧當作原子量的標準。另一方面，IUPAC（國際純粹暨應用化學聯合會）將存在於自然界，質量數為16、17、18的氧混合物，平均值設為 16。因此，物理學與化學所使用的相對原子質量、原子量與分子量，產生了不一致的矛盾情形。

為了解決此問題，一九五九年 IUPAP 建議將質量數 12 的碳 ^{12}C 當作新的標準，IUPAC 於一九六〇年通過此建議（請見下方參考資料）。決定使用此標準的可能原因是：和化學界所定義的原子量幾乎沒有差異，而且可以精確地與其他原子進行質量比較。此外，世界上種類最多的物質就是有機物，如果以碳 ^{12}C 為標準，即使有機物的分子量再小，也能正確地計算。

然而，現在還是有人主張「最好以氫為標準」。於是，有人便以統一原子質量單位（符號：u）來表示原子質量，這近似於以氫（1.0）為標準的單位。所以原子質量單位統一定義為「一個質量數 12 的碳同位素 ^{12}C，原子質量的十二分之一」，也就是以存量最多的碳同位素 ^{12}C 的質量為 12 u，所以碳 12 原子的原子量即為 12（u）。

圖 4-6　統一原子質量單位

$$\text{統一原子質量單位} = \frac{\text{一個質量數 12 的碳原子所具有的質量}}{12}$$

※ 一九五九年，在德國慕尼黑召開的國際純粹暨應用物理學聯合會（International Union of Pure and Applied Physics，簡稱 IUPAP），德國 J.H. 馬陶赫建議以 ^{12}C = 12.0000 作為原子量標準，並提交給國際純粹與應用化學聯合會（IUPAC）做參考，後者於一九六〇年接受這一建議。一九六一年，在加拿大蒙特婁召開的國際純粹與應用化學聯合會上，正式通過這一新標準。一九七九年，由國際相對原子質量委員會提出原子量的定義。

4-07 物量（mol）和質量（g）是什麼關係？

——「1mol＝原子量的數值（g）」適用於所有原子

物量（mol）和質量（g）有著什麼樣的關係呢？本節必須再次提到原子量。**原子量**是以碳元素的原子量 12 為標準，比較出來的數值，意指每種原子的質量（g）與它的原子量相同時，即具有 6.02×10^{23} 個原子。也就是說，**任何原子的質量（g）與原子量相同時，即具有 1 mol 的原子**，這叫作**莫耳質量（g/mol）**。

舉例來說，假設我們有紅球和白球，質量比是紅球：白球＝ 1:2，且與原子量相對應。

假設紅球一顆是 2 g，一個裝滿紅球的箱子重量是 50 g，此時一箱裡有多少顆紅球呢？箱中的紅球數量當然是 25（50÷2）。

那麼，如果有二十五個白球，一箱的重量是幾 g 呢？因為白球重量是紅球的兩倍，所以一個白球的重量是 2g×2（倍）＝ 4 g，裝有二十五顆重達 4 g 的球，一箱的重量便是 100 g。

由此方式來理解相對質量（原子量）和 1 mol 的定義（物量），即可明白各種物質的物量（mol）、質量（g）關係。

1 mol 的氫是 1 g 嗎？還是 2 g 呢？「莫耳的定義」明文表示「使用莫耳應指明基本粒子為何，可以是分子、原子、離子、電子、其他基本粒子，或是該粒子的特定集合體」（第十四屆國際度量衡大會，一九七一年）。請注意定義中的「**指明基本粒子**」這句話，在這個例子中，「指明基本粒子」意思是要**清楚指出是氫原子還是氫分子**，如果是氫原子（H），則 1 mol ＝ 1 g；如果是指氫分子，則 1 mol ＝ 2 g。

表 原子量、原子數量與物量的關係

原子	原子量	與原子量數值相同的質量（g）所包含的原子數量	物量
碳原子 ^{12}C	12.0	6.02×10^{23}（12.0 g 含有的原子數量）	1 mol
氫原子 H	1.0	6.02×10^{23}（1.0 g 含有的原子數量）	1 mol
氮原子 N	14.0	6.02×10^{23}（14.0 g 含有的原子數量）	1 mol
氧原子 O	16.0	6.02×10^{23}（16.0 g 含有的原子數量）	1 mol

練習 1
原子量與質量的換算

問題 1 請以下列的原子量回答問題。

元素	H	C	N	O	Na	Mg	Al	S	Cl	K	Ca
原子量	1	12	14	16	23	24	27	32	35.5	39	40

（1）求出下列物質 1 mol 的質量。
①氮原子（N）
②氮分子（N_2）

（2）1 mol 的氨（NH_3）中，含有氮原子（N）和氫原子（H）各多少 mol ？

（3）請回答下列問題。
① 2 mol 的水分子（H_2O）是幾 g ？
② 9 g 的水分子（H_2O）是幾 mol ？

問題 2

（1）求出下列物質的分子量或式量

①氯分子（Cl_2）

②甲烷（CH_4）

③乙醇（C_2H_5OH）

④氯化鈉（NaCl）

（2）請回答下列問題。

① 2 mol 的氯分子（Cl_2）是幾 g ？

② 7.1 g 的氯分子（Cl_2）是幾 mol ？

③ 1.5 mol 的甲烷（CH_4）是幾 g ？

④ 48 g 的甲烷（CH_4）是幾 mol ？

⑤ 0.1 mol 的氯化鈉（NaCl）是幾 g ？

⑥ 117 g 的氯化鈉（NaCl）是幾 mol ？

※ 解答在第 164 頁。

4-08 質量數的比和化學反應式有關係嗎？
——和化學反應式有關係的是粒子數比

在「$2Mg + O_2 \rightarrow 2MgO$」的反應中，鎂、氧分子和氧化鎂的量具有什麼關係呢？鎂：氧分子：氧化鎂的質量比為 3：2：5（參照右頁表），參與反應的粒子數比則是鎂：氧分子：氧化鎂＝ 2：1：2。在這種情況下，哪一個比例才能表現出粒子量與化學反應式的關係呢？

質量比顯然和化學反應式的係數沒有直接關聯，相對於此，**參與反應的粒子數比和係數比同樣是 2：1：2**。因此，思考化學反應式的「反應物有多少，就能產生多少生成物」的數量關係時，需要注意的是**粒子數**。

另外，化學反應式的係數比，和化學反應式所顯示的粒子數比相等，可以表示成「**係數比＝物量（mol）比**」。

表 化學反應的質量比和粒子數比

		Mg		O_2		MgO
係數比		2	：	1	：	2
質量	參與反應的質量 例①	48 g	：	32 g	：	80 g
	參與反應的質量 例②	72 g	：	48 g	：	120 g
	質量比	3	：	2	：	5
粒子數	參與反應的粒子數 例①	20 個	：	10 個	：	20 個
	參與反應的粒子數 例②	100 個	：	50 個	：	100 個
	粒子數比	2	：	1	：	2

圖 4-8

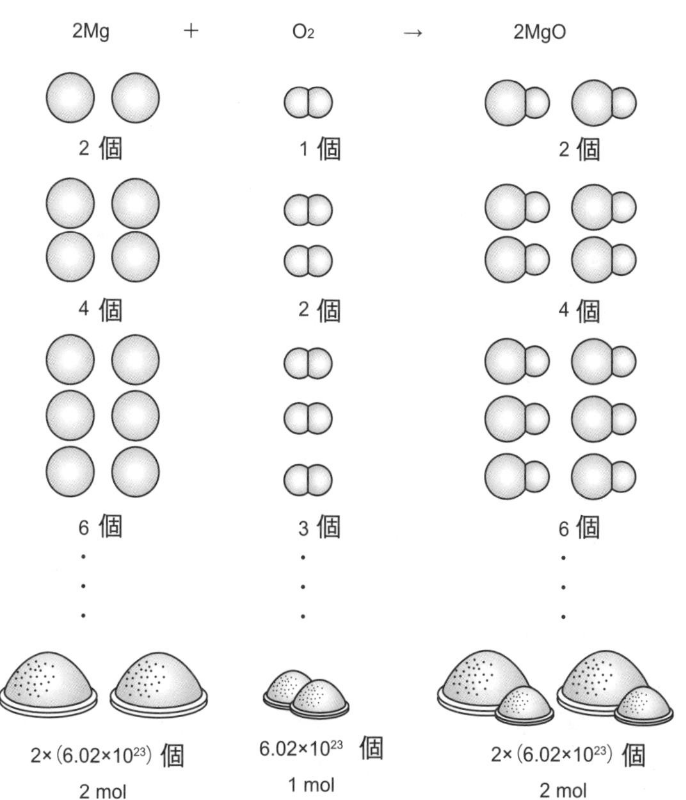

練習 2

理解化學反應式、粒子數和莫耳的關係

問題 1

根據下列化學反應式的數量關係，為①～⑧的（　）填入適當的數字。

①在參與反應的氫分子十分充足的情況下，一個氮分子（N_2）完全反應後會產生（　）個氨（NH_3）。

②在參與反應的氫分子十分充足的情況下，五十個氮分子（N_2）完全反應後會產生（　）個氨（NH_3）。

③需要（　）個氫分子（H_2），才能讓一個氮分子（N_2）完全反應、生成氨。

④需要（　）個氫分子（H_2），才能讓一百個氮分子（N_2）完全反應、生成氨。

⑤在參與反應的氫分子十分充足的情況下，需要（　）個氮分子（N_2）才可生成兩個氨（NH_3）。

⑥在參與反應的氫分子十分充足的情況下，需要（　）個氮分子（N_2）才可生成一千個氨（NH_3）。

⑦在參與反應的氮分子十分充足的情況下，需要（　）個氫分子（H_2）才可生成兩個氨（NH_3）。

⑧在參與反應的氮分子十分充足的情況下，需要（　）個氫分子（H_2）來生成一百個氨（NH_3）。

問題 2

根據下列化學反應式的數量關係，為①～④的（　）填入適當的數字。

①在參與反應的氫分子十分充足的情況下，（　）mol 氫分子（H_2）能和 1 mol 氮分子（N_2）完全反應。

②在參與反應的氫分子十分充足的情況下，3 mol 氮分子（N_2）完全反應能生成（　）mol 氨（NH_3）。

③在參與反應的氫分子十分充足的情況下，需要（　）mol 氮分子（N_2）才可生成 2 mol 氨（NH_3）。

④在參與反應的氮分子十分充足的情況下，需要（　）mol 氫分子（H_2）才可生成 2 mol 氨（NH_3）。

※ 解答在第 165 頁。

4-09 亞佛加厥常數是怎麼決定的？
——雖然科學家已研究了各種測量方法……

被稱為亞佛加厥常數的 6.02×10^{23}，是個非常大的數字。亞佛加厥常數的名稱源自義大利化學家阿密迪歐．亞佛加厥，但亞佛加厥常數不是他求出來的。第一個嘗試測量亞佛加厥常數的是奧地利的物理學家約翰．約瑟夫．洛施米特。

一八六五年，他透過計算某固定體積氣體內所含的分子數，估計出空氣中分子的平均直徑，推算出亞佛加厥常數。由於洛施米特推測出 1 cm^3 氣體內所含的分子數量，所以 1 cm^3 氣體內所含的分子數便稱為洛施米特常數。

此後，一九〇九年發展出透過觀察膠體粒子（比分子大，但在一般顯微鏡下無法看見的微小粒子）的布朗運動（微粒子受到液體或氣體分子來自四面八方的隨機碰撞，所產生的不規則運動）來進行推算的方法；一九一〇年發展出透過基本電荷（電子所帶電荷量的絕對值）與法拉第常數（電解析出 1 mol 物質的 1 價離子所需的電量）來進行推算的方法；一九二三年則發展出利用已知波長的 X 射線和晶體密度，來進行推算的方法；最後才就此推定準確的亞佛加厥常數。在這些方法中，就原理而言最為正確的是利用 X 射線與晶體密度來推算的方法，但現實中的晶體含有雜質和缺陷，使這個方法的準確度下降。

十九世紀至二十世紀初，科學家對「物質是由原子這種粒子組成的嗎」、「是否能夠無數次進行細部分割」等問題的看法有很大的分歧。為這場爭論劃下休止符的，正是「基於完全不同的原理，所求得的亞佛加厥常數幾乎一樣」的事實。

●亞佛加厥常數會影響質量的定義嗎？

在作為度量衡標準的國際單位制中，如今只有質量單位仍以人工製造的國際公斤原器為基準。然而這個國際公斤原器有穩定性的問題，舉例來說，可能會受到表面吸附的氣體重量影響，而導致質量增加。

因此，日本獨立行政法人產業技術綜合研究所的計量標準綜合中心等機構，想藉由提升亞佛加厥常數的精確度來取代公斤原器，重新定義質量。二〇〇二年，此中心透過 X 射線晶體密度法，使用質量 1 kg 的純粹晶體矽球，成功得出精確度高達七位數的亞佛加厥常數。今後，若能將精確度提升至八位數，就可創造新的質量單位，而此新的質量單位標準就是以亞佛加厥常數為基礎的原子質量。

照片　國際公斤原器

國際公斤原器的質量被定義為 1 kg，目前由位於法國塞夫爾的「國際度量衡局（BIPM）」嚴密保管。

照片 /AFP 法新社

4-10 為什麼相同體積所含的粒子數會相同？

——為何2 g氫氣和32 g氧氣的體積相等

大家有沒有聽過亞佛加厥定律呢？這個定律是指，在相同的溫度和壓力下，等體積的任何氣體都含有相同數量的分子。你是不是覺得有點奇怪呢？在相同大小的容器（等體積）裡，放入尺寸不等的柑橘和西瓜，當然是柑橘裝得比西瓜多啊。

然而，在氣體分子這樣的微觀世界裡，會發生和日常生活截然不同的現象——在相同的溫度和壓力下，等體積的任何氣體都含有相同數量的分子。

在氣體的微觀世界，由於和分子相較之下，空間顯得非常大，因此分子的質量比分子的大小更容易造成影響。我們將小分子稱為「輕分子」，大分子稱為「重分子」。輕分子的移動速度比重分子快，但動能比重分子小。移動速度和動能會相互抵換，所以任何氣體在等體積中的分子數量是一樣的。

溫度升高時，氣體體積會膨脹，溫度降低時則縮小。而且，裝有氣體的氣球外側壓力（氣壓）若變大，氣體體積亦會變小；壓力變小，氣體體積則會變大。

因此，在思考氣體體積時，要設定某一特定的溫度和壓力（氣壓），亦即標準狀態。標準狀態是指0℃、1大氣壓（1.01×10^5 Pa）。在標準狀態下，和氣體種類無關，任何氣體的1 mol體積都是22.4 L（公升）。

這叫作**莫耳體積**（**L/mol**）。以此類推，在標準狀態下，2 mol 氧氣的體積為 44.8 L。

4-11 什麼是莫耳的三種轉換？——掌握「粒子數」、「質量」和「體積」的關係

物量（mol）可轉換成各式各樣的單位，而這就是物量（mol）令人難以理解的原因。可是經過下圖的整理，我們可知物量只會轉換成「粒子數」、「質量」和「體積」這三種單位。

這三種單位也會相互轉換，因此以莫耳為中心的單位換算，總共只有六種模式。高中化學練習題會出現類似這種單位換算的公式。所有單位轉換都有各自的規則，但都成比例關係，下一頁我們就來實際換算吧。

圖 4-11　以物量為中心的單位換算總共有六種模式

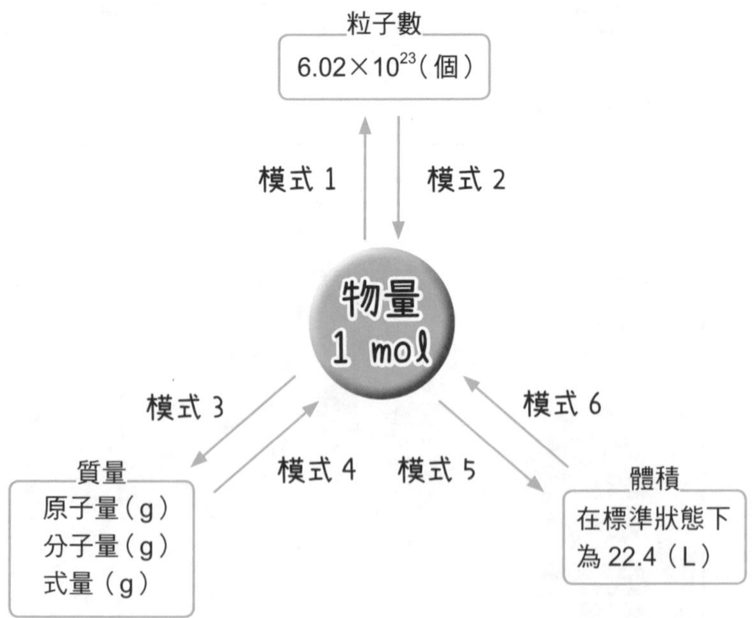

●物量和粒子數的關係（mol 與 6.02×10^{23}）

・模式 1：將物量換算為粒子數

亞佛加厥常數 6.02×10^{23}（mol^{-1}）意指 1 mol 大約有 6.02×10^{23} 個粒子，所以 2 mol 就是 1 mol 的兩倍，也就是 6.02×10^{23} 個 $\times2=12.04\times10^{23}$ 個。另外，0.5 mol 是 1 mol 的一半，6.02×10^{23} 個 $\times1/2=3.01\times10^{23}$ 個。

・模式 2：將粒子數換算為物量

6.02×10^{23} 個是 1 mol，所以 18.06×10^{23} 個就是三倍，也就是 1 mol$\times3=3$ mol。

●物量與質量的關係（mol 與 g）

・模式 3：將物量換算為質量

1 mol 的氧分子（O_2，分子量 32）大約為 32 g，所以 1.5 mol 的氧分子是 1.5 倍的 32 g，也就是 32 g$\times1.5=48$ g。

・模式 4：將質量換算為物量

1 mol 的氮分子（N_2，分子量 28）大約為 28 g，而由 $14\div28$ 可知，14 g 的氮分子是 1 mol 的 1/2，所以是 0.5 mol。

●物量與氣體體積的關係（mol 與標準狀態下的 22.4 L）

・模式 5：將物量換算為體積

由於 1 mol 的任何氣體在標準狀態下大約都是 22.4 L，所以不論是氫分子、氧分子或氮分子，所有氣體的 0.5 mol 都是 22.4 L 的一半，11.2 L。

・模式 6：將體積換算為物量

同理，由於 1 mol 的任何氣體在標準狀態下大約都是 22.4 L，所以不論是氫分子、氧分子或氮分子，因為 $44.8\div22.4=2$，所有 44.8 L 的氣體都是 2 mol。

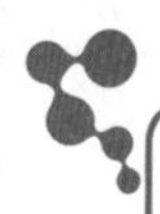

練習3
理解莫耳（mol）、質量、體積和個數之間的關係

設原子量為氫（H）＝ 1、碳（C）＝ 12、氮（N）＝ 14、氧（O）＝ 16、鋁（Al）＝ 27，亞佛加厥常數為 6.02×10^{23} mol^{-1}，請求氣體體積在標準狀態 0℃、1.01×10^{5} Pa（1 大氣壓）下的數值。

問題 1

請為下表（A）～（H），填入數字。

原子或分子	原子或分子量	原子數量	物量	質量	體積（標準狀態）
碳（C）	12	6.02×10^{23} 個	1 mol	12 g	22.4 L
氫分子（H_2）	2	6.02×10^{23} 個	（A）mol	（B）g	（C）L
氮分子（N_2）	28	6.02×10^{23} 個	（D）mol	（E）g	22・4 L
氧分子（O_2）	32	（F）個	1 mol	（G）g	（H）L

問題 2

請回答下列問題：

（1）3.01×10^{24} 個鋁原子（Al）是幾 mol ？

（2）5 mol 二氧化碳（CO_2）含有多少個分子？

（3）2 mol 水（H_2O）是幾 g ？

（4）180 g 的水（H_2O）是幾 mol ？

（5）0.5 mol 氫氣（H_2）在標準狀態下，體積是多少 L ？

（6）44.8 L 氧氣（O_2）是多少 mol ？

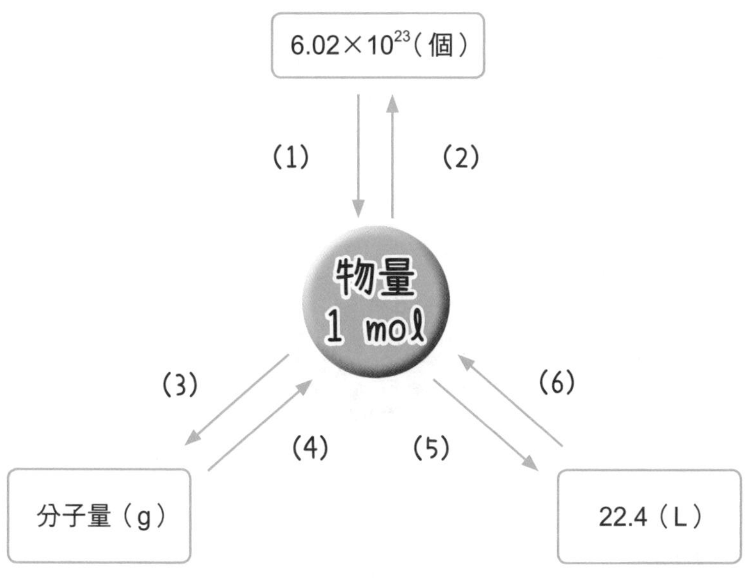

※ 解答在第 165 頁

問題 3

請回答下列問題：

（1）12.04×10^{23} 個氫分子（H_2）是幾 g？

（2）4 g 氫分子（H_2）在標準狀態下，體積是多少 L？

（3）44.8 L 的氫分子（H_2）在標準狀態下，含有多少個分子？

（4）180 g 的水（H_2O）含有多少個分子？

（5）44.8 L 的氮氣（N_2）在標準狀態下，是幾 g？

（6）3.01×10^{24} 個氧氣（O_2）在標準狀態下，體積是多少 L？

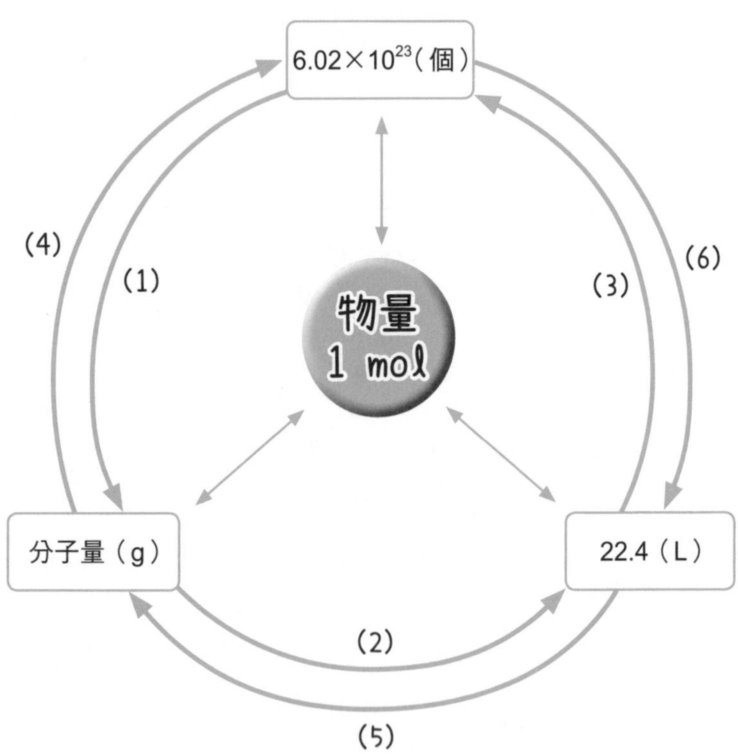

吵死了。我會分心啦，閉嘴！
妳真的解得出來嗎？

4-12 為什麼化學反應式的數量關係這麼難？
——化學反應式的數量關係不同於物量的單位變換

化學反應式數量關係的問題，對物量的掌握來說是一個里程碑。若能理解這部分，便能順利了解接下來要介紹的「酸鹼中和滴定」和「氧化還原滴定」等化學反應的數量關係。

化學反應式的數量關係很困難，是因為化學反應式的數量關係很容易和物量的單位變換搞混，令人感到混亂，所以請將兩者明確區別開來，並靈活地運用吧。

1. **化學反應式的數量關係「係數比＝物量比」**
2. **物量的單位變換**

利用下面的例題來具體思考吧。

【例題】

7 g 的乙烯（C_2H_4）完全燃燒會生成多少 L（在標準狀態下）的二氧化碳（CO_2）？（設原子量為 C ＝ 12、H ＝ 1、O ＝ 16）

$C_2H_4 + 3O_2 \rightarrow 2H_2O + 2CO_2$

【例題解答】

計算①

請將 7 g 的乙烯（C_2H_4）換算為物量（mol）。

C_2H_4 的分子量＝ 12×2 ＋ 1×4 ＝ 28

1 mol 的 C_2H_4 大約是 28 g，所以 7 g 是 1/4 的 0.25 mol。

計算②

透過「係數比＝物量比」的關係，以及乙烯（C_2H_4）的物量，來求二氧化碳（CO_2）的物量。由於乙烯和二氧化碳的係數比為：

乙烯：二氧化碳＝ 1：2

所以 0.25：0.5，0.25 mol 的乙烯完全反應會生成 0.5 mol 的二氧化碳。

計算③

將 0.5 mol 的二氧化碳（CO_2）轉換成體積（L）。任何氣體在標準狀態下都是 22.4 L，請根據這一點來求體積。1 mol 大約是 22.4 L，所以 0.5 mol 便是 11.2 L。

圖 4-12　理解化學反應式數量關係的訣竅

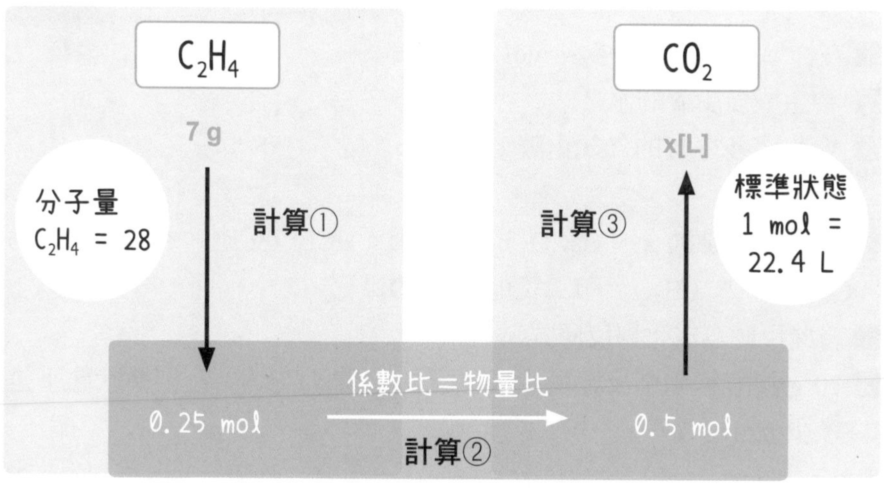

理解化學反應式的訣竅，是將化學反應式的數量關係和物量的單位變換，清楚區別開來。

練習 4
理解化學反應式的數量關係

設原子量為氫（H）＝ 1、碳（C）＝ 12、氮（N）＝ 14、氧（O）＝ 16、鋁（Al）＝ 27、鈣（Ca）＝ 40，亞佛加厥常數為 $6.02 \times 10^{23}\ mol^{-1}$，求氣體體積在 0℃、$1.01 \times 10^{5}$ Pa（1 大氣壓）下的數值。

問題 1 氫氣燃燒的化學反應式為 $2H_2 + O_2 \rightarrow 2H_2O$，請求出與 3 mol 氫氣反應的氧氣物量，以及生成物（水）的物量。

問題 2 假設在標準狀態下的氧氣中，6.4 g 甲醇（CH_4O）完全燃燒。

$$2CH_4O \quad + \quad 3O_2 \quad \rightarrow \quad 2CO_2 \quad + \quad 4H_2O$$

1 在標準狀態下需要多少 mol 氧氣？

2 會生成多少 g 的水？

3 會生成多少 L 的二氧化碳？

問題 3 碳酸鈣（$CaCO_3$）和鹽酸（HCl）反應，生成氯化鈣（$CaCl_2$）、水（H_2O）和二氧化碳（CO_2）。

1 將此反應寫成化學反應式。

2 20 g 碳酸鈣完全反應所生成的二氧化碳（CO_2），在標準狀態下是多少 mol？

※ 解答在第 169 頁。

妳覺得這一章如何呢？

一開始我覺得莫耳（mol）比想像的麻煩，但現在已經懂了。
唉呀～莫耳是很危險的單位，要小心喔。

我差點就破產了啊！
啊

「笑嘻嘻★兔子」那家店的小姑娘，竟敢小看我！
吼
去酒店逍遙的你被當成笨蛋啦……

練習1　解答

問題 1

（1）

①氮原子（N）的原子量是 14。1 mol 的質量等於原子量數值加上單位 g，所以 1 mol 氮原子（N）的質量是 14 g。

②氮分子（N_2）含有兩個氮原子（N），所以比照①，氮分子（N_2）的分子量是 28。同理，1 mol 的質量等於分子量（原子量的和）數值加上單位 g，所以 1 mol 氮分子（N_2）的質量是 28 g。

（2）

一個氨（NH_3）含有一個氮原子（N）和三個氫原子（H）。氨（NH_3）所包含的氫原子（H）總共是氮原子（N）的三倍，因此氮原子（N）是 1 mol、氫原子（H）是 3 mol。

（3）

①水分子（H_2O）的分子量為 18，所以 1 mol 的質量是 18 g。1 mol 是 18 g，所以 2 mol 是兩倍，36 g。

②同理，1 mol 是 18 g，所以 9 g 是一半，是 0.5 mol。

問題 2

（1）

① 71（35.5×2）

② 16（12 ＋ 1×4）

③ 46（12×2 ＋ 1×6 ＋ 16×1）

④ 58.5（23 ＋ 35.5）

（2）

① 142 g（71×2）

② 0.1 mol（7.1÷71）

③ 24 g（16×1.5）

④ 3 mol（48÷16）

⑤ 5.85 g（58.5×0.1）

⑥ 2 mol（117÷58.5）

練習 2　解答

問題 1

（1）

① 2　② 100　③ 3　④ 300　⑤ 1　⑥ 500　⑦ 3　⑧ 150

問題 2

（2）

① 3　② 6　③ 1　④ 3

練習 3　解答

問題 1

（A）1

（B）2

（C）22.4

（D）1

（E）28

（F）6.02×10^{23}

（G）32

（H）22.4

問題 2

（1）5 mol

（2）3.01×10^{24}（30.1×10^{23}）個

（3）36 g

（4）10 mol

（5）11.2 L

（6）2 mol

【問題 2 的解說】

（1）

$3.01 \times 10^{24} \div (6.02 \times 10^{23})\,\text{mol}^{-1} = 5\ \text{mol}$

（2）

$(6.02 \times 10^{23})\,\text{mol}^{-1} \times 5\ \text{mol} = 30.1 \times 10^{23} = 3.01 \times 10^{24}$

（3）

H_2O = 18 g/mol，所以 18 g/mol×2 mol = 36 g

（4）

H_2O = 18 g/mol，所以 180 g÷18 g/mol = 10 mol

（5）

任何氣體都是 22.4 L/mol，所以 22.4 L/mol×0.5 mol = 11.2 L

（6）

44.8 L÷22.4 L/mol = 2 mol

問題 3

（1）4.0 g

（2）44.8 L

（3）1.204×10^{24}（12.04×10^{23}）個

（4）6.02×10^{24} 個

（5）56 g

（6）112 L

【問題 3 的解說】

（1）

6.02×10^{23} 個＝ 1 mol

↓ 2 倍 ↓ 2 倍

12.04×10^{23} 個＝ 2 mol

氫分子（H_2）的分子量＝ 2，所以

1 mol ＝ 2.0 g

↓ 2 倍 ↓ 2 倍

2 mol ＝ 4.0 g

（2）

氫分子（H_2）的分子量＝ 2，所以

2 g ＝ 1 mol

↓ 2 倍 ↓ 2 倍

4 g ＝ 2 mol

任何氣體在標準狀態下

1 mol ＝ 22.4 L

↓ 2 倍 ↓ 2 倍

2 mol ＝ 44.8 L

（3）

任何氣體在標準狀態下

22.4 L ＝ 1 mol

↓ 2 倍 ↓ 2 倍

44.8 L ＝ 2 mol

1 mol ＝ 6.02×10^{23} 個

↓ 2 倍 ↓ 2 倍

2 mol ＝ 12.04×10^{23} 個＝ 1.204×10^{24} 個

（4）

18 g 水分子（H_2O）的分子數量＝ 6.02×10^{23}

分別乘上 10 倍，

180 g 的分子數量＝ 60.2×10^{23} ＝ 6.02×10^{24}

（5）

任何氣體在標準狀態下

22.4 L ＝ 1 mol

↓ 2 倍　↓ 2 倍

44.8 L ＝ 2 mol

氮氣（N_2）的分子量＝ 14×2 ＝ 28，所以

1 mol ＝ 28 g

↓ 2 倍　↓ 2 倍

2 mol ＝ 56 g

（6）

氧氣（O_2）有 3.01×10^{24} ＝ 30.1×10^{23} 個。

30.1×10^{23}、6.02×10^{23} 的 5 倍。

6.02×10^{23} ＝ 22.4 L

↓ 5 倍　　　↓ 5 倍

30.1×10^{23} ＝ 112 L

練習 4　解答

問題 1

係數比為

H_2：O_2：H_2O ＝ 2：1：2

係數比和物量比相等，所以

＝ 3：1.5：3

解答：氧氣 1.5 mol、水 3 mol

問題 2

1

①單位變換

1 mol 的甲醇（CH_4O，分子量 32）大約是 32 g，6.4/32 ＝ 0.2，所以 6.4 g 的甲醇是 0.2 mol。

②係數比與物量比

根據化學反應式，甲醇：氧氣＝ 2：3 ＝ 0.2：0.3。

解答：0.3 mol

2

②係數比與物量比

根據化學反應式，甲醇：水＝ 2：4 ＝ 0.2：0.4

①單位變換

1 mol 的水（H_2O，分子量 18）大約是 18 g，所以 0.4 mol 是 18×0.4 ＝ 7.2 g。

解答：7.2 g

3

②係數比與物量比

根據化學反應式，甲醇：二氧化碳＝ 2：2 ＝ 0.2：0.2

①單位變換

1 mol 的二氧化碳是大約是 22.4 L，所以 0.2 mol 是 22.4×0.2 ＝ 4.48 L。

解答：4.48 L

問題 3

1 $CaCO_3 + 2HCl \rightarrow CaCl_2 + H_2O + CO_2$

2

①單位變換

1 mol 的碳酸鈣（$CaCO_3$，分子量 100）大約是 100 g，20 g 是 20/100 ＝ 0.2，所以是 0.2 mol。

根據化學反應式，碳酸鈣：二氧化碳＝ 1：1，所以會生成 0.2 mol 的二氧化碳。

解答：0.2 mol

第5章

什麼是有機化合物？

有機化合物就是含有碳原子的化合物。

二十世紀以來，有許多有機化合物被合成並運用於日常生活。本章將針對有機化合物的鍵結方法、結構以及代表性的有機化合物特徵來解說。

5-01 什麼是有機化合物？
——有機化合物不等於天然物

「有機」這個名詞常被當作與生命活動有關的有機化合物（含碳原子的化合物）的總稱，例如「有機肥料」與「有機農業」的「有機」。然而，「有機玻璃」與「有機半導體」的「有機」涵義更廣，是指「有機化合物構成的玻璃」、「有機化合物構成的半導體」。

「有機」的英語是「organic」，帶有「器官的」、「有機體」的意思。有趣的是，英語並沒有直接代表「無機」的用語，而是加上「in」，成為「inorganic」，直譯為「非有機」。歐洲地區的人們具有「生命是神所賜予的，生命力就是神力，所以不會消失」的想法。舉例來說，牛是具有生命力的，而且生命力存在於牛擠出來的牛奶，也存在於牛奶的乳酸。十九世紀以前的科學技術要合成乳酸這種有機化合物是非常困難的，那是個不可能以人工方式製造有機化合物的年代，於是人們一直認為「存有生命力的有機物是無法用人工合成的」。

打破這種認知的人是一位德國的化學家弗里德里希・維勒。一九二八年，維勒發現礦山產的氰酸銨（無機化合物）經過加熱會變成尿素（有機化合物），因而開啟了人工合成有機化合物的新紀元。而現在已有多種有機化合物，例如塑膠和醫藥品等，都已被合成出來，並且支撐著我們的生活。

有機化合物是什麼？

有機化合物就是指含碳原子的化合物。
以前是泛指與生命有關的物質。
有機

與生命有關的物質是什麼？
例如**尿素**，即存在於我們的尿液。

以前，人類認為不可能用人工方式製造有機化合物。

但是，在一九二八年，弗里德里希·維勒發現只要加熱氰酸銨（無機化合物），
就會變成尿素！
動物
尿
濃縮
乾燥
分離
純化
礦山
化學變化
尿素
氰酸鹽

現在，我們也因為方便，而使用塑膠等多種有機化合物。
各式各樣

5-02 碳（C）與矽（Si）的差異是什麼？
——同樣是第14族，但是差很多！

二十世紀以來，除了來自生物體的物質（生物分子），還有許多人工合成的**有機化合物**，因此有機化合物的種類大幅度地增加。然而，構成有機化合物的元素並沒有變多。構成有機化合物的主要元素包括必要的碳（C），以及氫（H）、氧（O）、氮（N）等主要元素，另外還有鹵素（F、Cl、Br、I）、硫（S）、磷（P）、矽（Si）等，頂多十幾種元素。以如此少的元素去組合，就可以製造超過一千萬種的有機化合物，完全是因為**碳原子本身的獨特性**。

雖然碳（C）與矽（Si）在週期表上同為第 14 族的元素，但第 2 週期的碳是有機化合物的主角，而第 3 週期的矽（Si）則是礦物（無機化合物）的主要構成元素，兩者形成強烈對比。

我們來回憶一下碳原子的特性吧！碳不容易形成陽離子，也不容易形成陰離子（矽則有容易帶正電的傾向），因此碳可構成很長的鏈（C － C － C － C － C － C － ⋯⋯），而矽頂多只能連接幾個原子。

碳鏈中除了單鍵（一般的共價鍵），還有雙鍵（乙烯）與參鍵（乙炔）等可以構成特殊形狀的共價鍵（**3-03**）。我們將碳鏈比喻為動物的骨骼，稱為**碳骨架**。

許多化合物的碳骨架會與氫原子形成鍵結，所以習慣稱為碳氫化合物，英語的「hydrocarbons」即意指氫化的碳。因此，燃燒有機化合物會產生二氧化碳（CO_2），大多也會產生水（H_2O）。

而且，一般的碳氫化合物的分子間力比較弱，因此一般的碳氫化合物會以氣體或容易汽化的液體（低沸點、低熔點）狀態存在，並且具有以下特性：不容易和水混合（疏水性），比重小於 1，以油狀物的形式浮在水面上。

●決定碳氫化合物性質的官能基

能與碳氫化合物的骨架結合，並決定碳氫化合物性質的物質，稱為官能基（Functional Group）。當官能基與碳氫化合物的骨架結合，官能基就會像乙醇和羧酸一樣，可以決定碳氫化合物的種類與性質。官能基是決定化合物性質的原子團（好幾個原子聚集而成）。通常，有機化合物也是由碳氫化合物骨架（決定分子形狀），以及與骨架結合、可決定化合物性質的官能基所構成的。

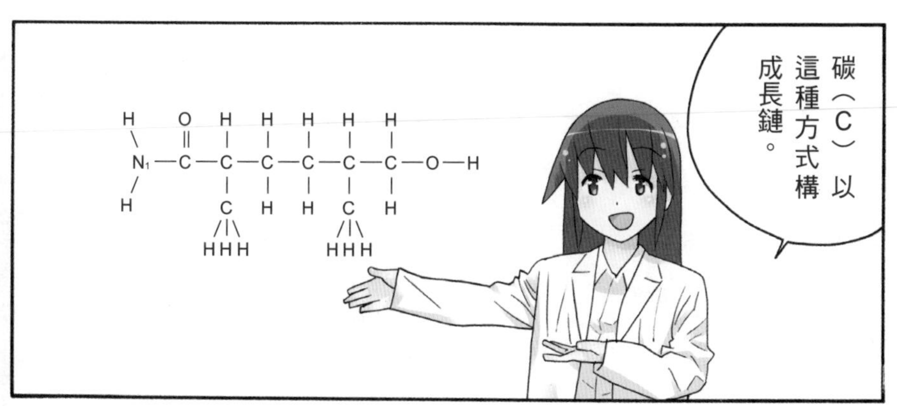

5-03 什麼是烷類、烯類、炔類？
——構成有機化合物的鍵結 II（飽和與不飽和）

乙烷（CH_3-CH_3）、乙烯（$CH_2=CH_2$）和乙炔（$CH\equiv CH$）的共價鍵第 3 章已解說過。乙烷已鍵結的 C － C 所剩下的六隻鍵結的手都被氫（H）佔滿，因此，乙烷可以說是氫飽和的化合物。然而，乙烯和乙炔的六隻鍵結手並沒有全部被氫佔滿，因此是氫未完全飽和的化合物，稱為不飽和化合物。沒有與氫鍵結的手會構成雙鍵或參鍵（π 鍵）。

最簡單的有機化合物是由一個碳（C）和四個氫（H）結合而成的甲烷（CH_4）。甲烷為天然氣（LNG）的主要成分（約佔 80 % 以上），是重要燃料。天然氣亦含有乙烷（C_2H_6）等氣體，而丙烷（C_3H_8）也廣泛用於家庭燃料。

最近日本為了預防天然氣與丙烷外洩的事故，已經強制民宅設置氣體外洩警報器。天然氣的警報器設置在高處，丙烷氣體的則設置在低處，警報器設置位置不同的理由是天然氣的主成分甲烷（分子量 16），比重比空氣（平均分子量 29）小，而丙烷（分子量 44）的比重比空氣大。

甲烷、丙烷這類氣體一般稱作烷類（鏈狀飽和碳氫化合物）。烷類雖然是一種容易燃燒的物質，但其實它的化學反應性較差，很難與強酸、強鹼反應。

乙烯這類氣體稱作烯類，乙炔這類則稱作炔類，它們的化學反應性都很活潑（都是不飽和碳氫化合物）。

乙烯（$CH_2 = CH_2$）是有機化學工業原料（中間原料）中，產量最高的烯類，用於製造各式各樣常見的聚乙烯製品。乙烯也是一種植物荷爾蒙，將青香蕉和熟透的蘋果一起放入塑膠袋密封，會加速香蕉的熟成就是乙烯的作用。用乙烯處理青柑橘，也會使柑橘更快轉黃，由此可知，乙烯可催熟果實，但也可能造成對乙烯較敏感的蘭花、嘉德麗雅蘭和康乃馨等植物無法開花或凋謝。

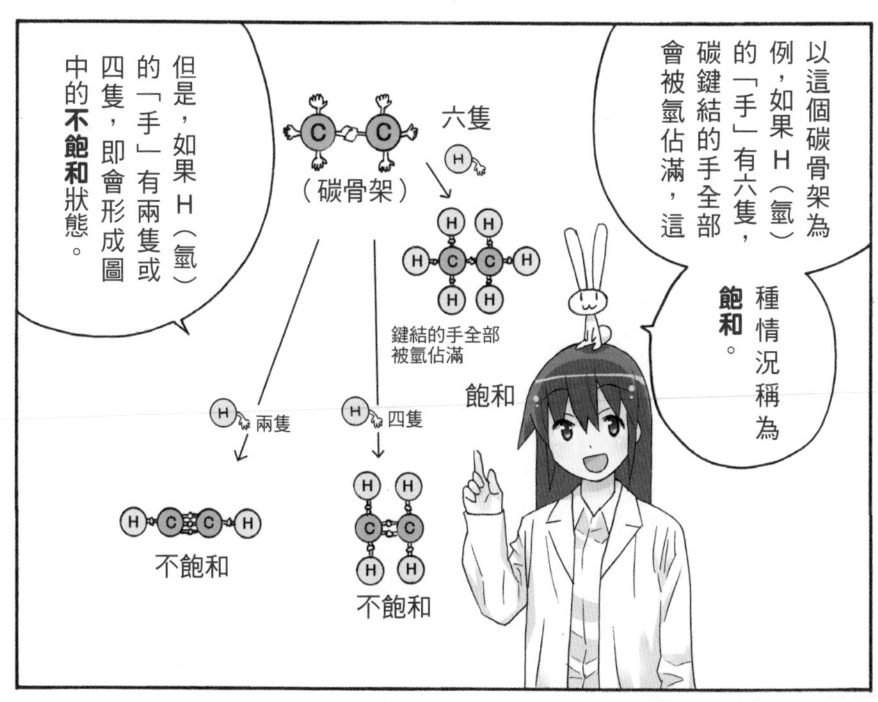

5-04 芳香族有香味嗎？——構成有機化合物的鍵結 2（脂肪族與芳香族）

大家都知道飽和與不飽和的碳骨架皆可成為脂肪（中性脂肪）的骨架。脂肪就是碳數較多的脂肪酸（高級脂肪酸）和甘油（丙三醇）的結合物（一般為酯），這個高級脂肪酸的碳骨架全部都會是直鏈狀。

脂肪酸分為飽和脂肪酸（不含雙鍵，例如棕櫚酸、硬脂酸等）與不飽和脂肪酸（含雙鍵，例如油酸、亞麻仁油酸等），無論是飽和或不飽和，只要是由鏈狀碳骨架所構成的物質，都稱作脂肪族化合物。

相對於此，芳香族化合物的出現比較晚，最初是由發現電磁感應、電解定律的義大利科學家麥可．法拉第加熱鯨油，從中取出苯。這是一八二五年的事，之後人們才決定它的分子式為 C_6H_6。

碳和氫都有六個的高度不飽和化合物，結構式通常會具有好幾個雙鍵，然而，苯卻強烈抗拒雙鍵會引起的化學反應（加成反應），令人無法理解，因此我們將這種具有特殊性質、具有香味的苯，與它的同類化合物，概括稱為芳香族化合物。

●龜甲狀的苯環

德國化學家奧古斯特．凱庫勒解決了苯的結構問題。苯的結構是一種「龜甲」狀的結構，它以六角形為基礎，且內部具有三個雙鍵，稱作苯環。

苯環內部的雙鍵並非各自獨立，而是會相互影響（共振），所以雙鍵能夠將苯環維持在穩定狀態。假設苯環像乙烯（或其他的不飽和碳氫化合物）一樣發生加成反應，苯環特有的穩定性就會消失，所以一般來說苯環不容易發生加成反應。

芳香族化合物與不飽和的脂肪族化合物的差異在於，芳香族化合物會發生**取代反應**（苯環的氫與其他原子交換），而不是在於何者具有香味。

不飽和脂肪酸的例子（動物所欠缺的亞麻仁油酸）

C C C C C C C C
C C C=C C=C C C C COOH

5-05 從分子式看不出「異構物」是什麼嗎？——有機化合物的結構 1（直鏈、分枝、環狀）

本章要介紹種類豐富的碳骨架！鏈狀相連的碳骨架是－ CH_2 －的連續體，所以無分枝的烷類即表示成 H －（CH_2）$_n$ － H。鏈狀可以想成連續的－ CH_2 －兩端各加一個 H。

將所有氫集合起來，分子式就變成 C_nH_{2n+2}（n 為碳的數量，甲烷是 1，乙烷是 2，丙烷是 3）。以打火機使用的丁烷為例，碳數 n=4，所以表示為 C_4H_{10}。

如圖 5-5-1 所示，丁烷與異丁烷由相同數量的碳和氫所構成，都是分子式 C_4H_{10} 的化合物，但是它們的沸點和其他性質皆不同，不是同一種物質。一般來說，分子式相同，但原子排列順序不同者，就是不同的物質，性質也不同。因此，我們將它們稱為彼此的異構物（同分異構物）。

以烷類的分子式 C_nH_{2n+2} 來思考，碳數相同的烯類，分子式就是 C_nH_{2n}，少了兩個氫；同樣地，炔類分子式就是 C_nH_{2n-2}，少了四個氫。如果分子內有兩個位置是雙鍵，分子式該怎麼寫呢？因為還是少了四個氫，所以分子式與炔類一樣是 C_nH_{2n-2}。

●碳骨架化合物的同類非常多

脂肪族的環狀碳氫化合物也分為飽和與不飽和。環狀的（cyclic）烷類稱作環烷類，如果有雙鍵，則稱作環烯類。

雖然前文說分子式 C_4H_8 的化合物屬於烯類，但如果把環狀結構考量進去，異構物的數量就會變多。

舉例來說，如果拿掉丁烷（C_4H_{10}）分子兩端的氫，將鍵結改成環狀結構，就會變成分子為四角形的環丁烷 C_4H_8。這樣一來，碳骨架構成的化合物就會具有各式各樣、種類豐富的同類物質。

分子最小的環烷類是三角形的環丙烷，而目前所知的最大環是由兩百八十八個碳構成環狀的 Cyclooctaoctacontadictane $C_{288}H_{576}$。

圖 5-1-1 兩種分子式相同的化合物

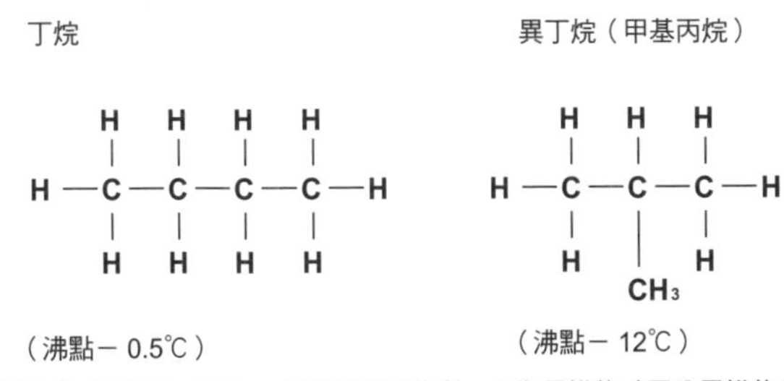

雖然分子式同樣為 C_4H_{10}，卻屬於不同物質，互為異構物（同分異構物）

圖 5-1-2 環己烷與己烯

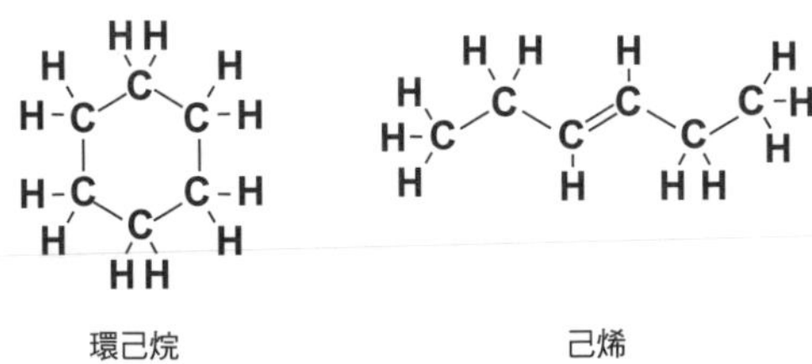

環己烷與己烯都是由同樣數量的 C 和 H 所構成的異構物（C_6H_{12}）

5-06 為什麼苯是平面的？
——有機化合物的結構 2（立體與平面）

甲烷的結構（正四面體結構）形似海邊的四角消波塊，是一種立體的分子。雖然第 3 章（3-03）將甲烷與乙烷以十字形結構式來表示，但其實四角錐體才是烷類的基本結構（3-04）。

糖和胺基酸的同分異構物，因為和四種不同原子團與四角錐體的前端結合，所以會產生鏡像關係的異構物（光學異構物），如右頁圖所示。

具有雙鍵結構的物質是平面的，例如乙烯。由雙鍵連接起來的原子，基本形態為具有兩個鍵結的三角形，而這樣的原子，兩個並排，以雙鍵連起來，即會形成平面的結構。

由參鍵連接起來的原子，基本形態為具有一個鍵結的直線形，而且兩個由參鍵連接的碳會並排，所以分子也是直線形的碳骨架。

甲烷的正四面體結構是 H － C － H 以 109.5° 的角度結合而成。屬於環烷類，具有五員環的環戊烷與具有六員環的環己烷維持在近似此結合角的狀態，而穩定存在，常見於天然物質的結構。

例如，人體的膽固醇即是由三個六員環與一個五員環所組成。

乙烯的左右兩個氫，以及環烷類內部相鄰的兩個氫，若取代成其他基團，會根據取代的基團全在同一側（順式）或在相反側（反式），而形成不同的物質，稱為幾何異構物。

而且，環己烷的環內如果有雙鍵，該部分就會形成平面。而苯的六員環有三個雙鍵，所以分子整體呈平面，會形成正六角形。

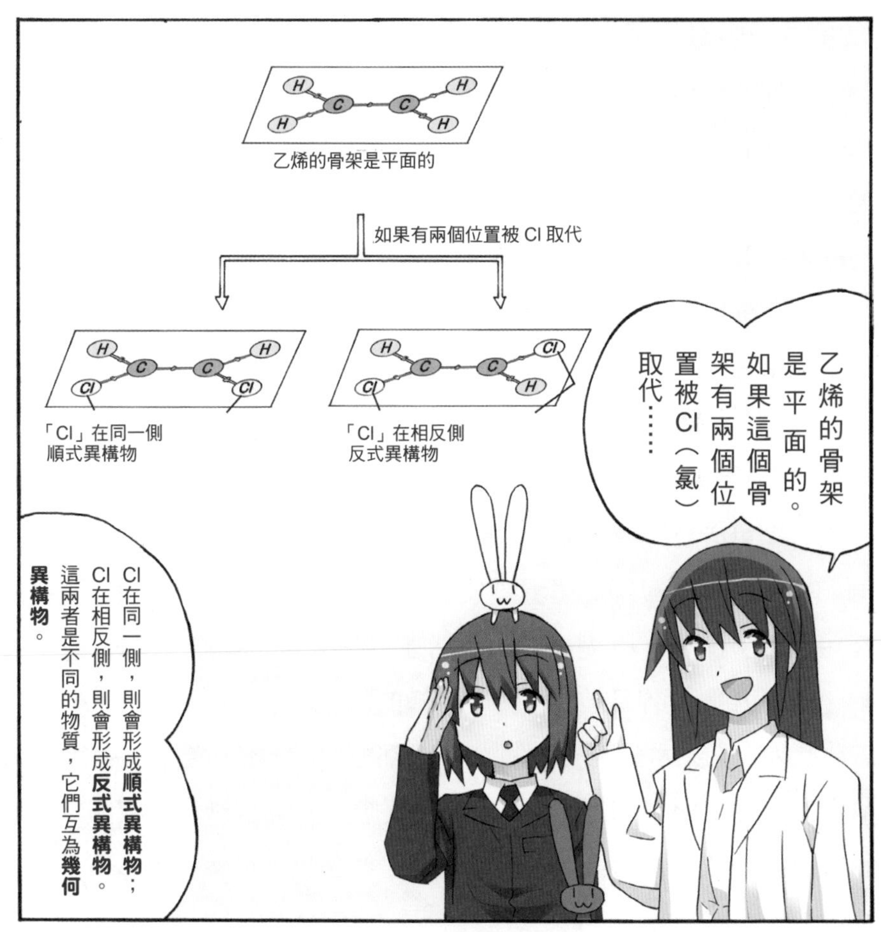

5-07 酒精和糖有什麼關係？
——酒精、醚、酚

酒類成分標示「alcohol 成分高於 15%」的 alcohol 是指乙醇，可是 alcohol 在化學物質則是醇的意思。一般來說，醇是指具有 **OH** 或**羥基**的**有機化合物**，又分為許多種類。

舉例來說，將飽和鏈狀碳氫化合物（C_nH_{2n+2}）的 2n+2 個 H，取其中一個 H 取代成 OH，而形成的 $C_nH_{2n+1}OH$ 也屬於 alcohol（酒精）。醇的同分異構物非常多，碳數 n=3 的同分異構物有 **1- 丙醇**與 **2- 丙醇**這兩種；碳數 n=10，則有 507 種**飽和醇**；碳數 n=20，異構物則有 560 萬種以上。

苯的 H 取代成 OH 所形成的**苯酚**與脂肪醇不同，化合物呈弱酸性，而苯酚的基本結構則由含於紅酒的多酚與茶的兒茶素構成，這兩者都很常見。

●醇與水很相似？

水分子（H － O － H）的一個 H 取代成脂肪族或芳香族的碳氫原子團，即可成為醇或苯酚。實際上，醇和水的性質有許多相似之處，例如「和金屬鈉與鉀產生激烈反應，就會產生氫」。這是因為羥基的作用很強，O － H 的鍵結容易被切斷，使 H 被金屬原子（Na 等）替換。**酯化**就是 H 容易被其他物質替換的常見例子。

此外，如果水分子的兩個 H 原子都取代成碳氫化合物，就會變成醚。醚不含 OH，所以不會和金屬鈉反應，而且也無法形成氫鍵，所以分子間力較弱，沸點低，會成為**揮發性物質**。請參考第 3 章「練習

1解答」（第 124~125 頁）的乙醇與甲醚結構式（同分異構物）。醣類相互連結成澱粉的鍵結也是醚鍵（又稱作糖苷鍵）。

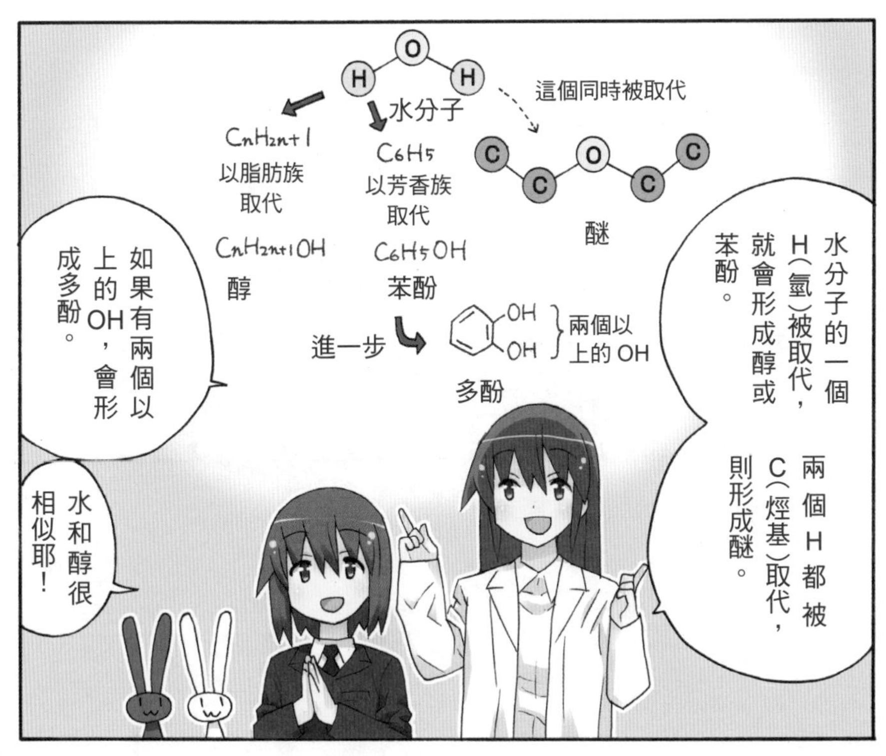

5-08 酒精變幻無常？——醛與酮

醇還有一個重要的反應，就是醇本身的氧化反應。如圖 5-8-1~ 圖 5-8-4 所示，此反應中，醇稍做改變，就會生成不同的生成物。根據醇的種類，也可能會生成強烈抵抗這種氧化反應的醇（第三級醇）。

第一級醇最初產生的醛與第二級醇產生的酮，其結構有類似之處，亦即骨架都含有羰基（ >C ＝ O）。

醛是由羰基和一個氫（甲醛為例外，是兩個氫）結合而成的物質，示性式習慣以「－ CHO」表示。示性式是可清楚表示分子所含的原子團的化學式，而該原子團稱為「基」。示性式比結構式簡單，想表示利用分子式看不出來的結構，才會使用示性式。

連在羰基上的 H（－ CHO 的 H）容易被氧化成 OH，這種氧化反應所獲得的物質稱為羧酸（－ COOH）。有關羧酸的說明，會放在下一章的 5-09。

反之，羰基不含 H 的酮會抵抗氧化。最簡單的酮稱為丙酮，因為難以被氧化所以很穩定，再加上容易親近水與許多有機化合物，所以丙酮和醇一樣常用作有機溶劑。

第三級醇不容易發生氧化反應，主要是發生取代反應，也就是－ OH 會被－ Cl 等取代（圖 5-8-4）。

圖 5-8-1 第一級醇→醛→羧酸

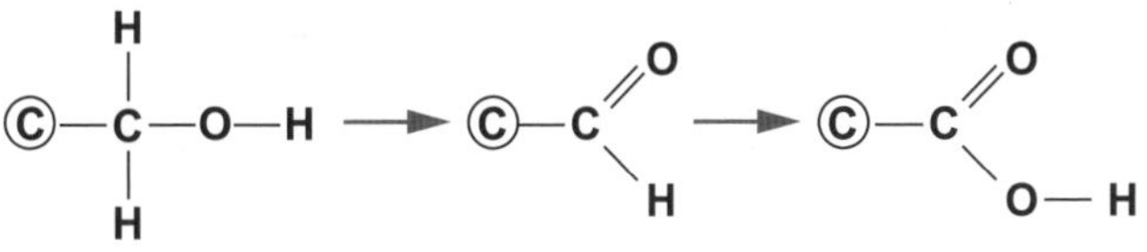

圖 5-8-2 第二級醇→酮

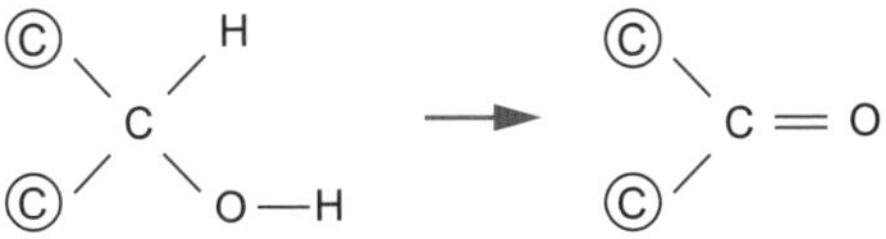

圖 5-8-3 第三級醇→不容易發生氧化反應

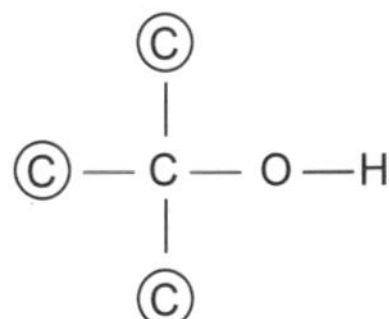

圖 5-8-4 第三級醇→第三級鹵化物

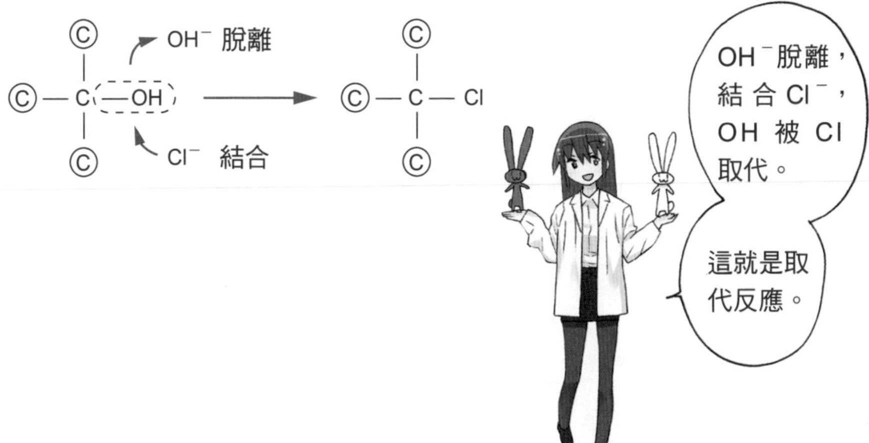

5-09 代表性的有機酸是什麼？——羧酸

有機酸是具有酸性的有機化合物，主要是指羧酸與磺酸（請參照 5-10）。最常見的羧酸是醋酸 CH_3COOH，結構式請參照第 3 章的「練習❶解答」（第 125 頁）。羧酸的基本結構是－ COOH，稱為羧基。羧基會像下圖一樣，因解離而產生 H^+，呈酸性，而且會和鹼（例如 NaOH）發生中和反應。

$$CH_3COOH \rightarrow CH_3COO^- + H^+$$

（CH_3：烷基　COOH：羧基）

但是，羧酸的解離度並不大，甚至不達幾個百分比，因此羧酸屬於弱酸（但比碳酸強）。

上圖中的 CH_3 稱為烷基，常以「R －」作為通式。R ＝ CH_3（甲基）是最小的烷基，高級脂肪酸的碳數量若大於 17，大部分都是長鏈形，而烷基越長，越不容易和水親近（疏水性高），且越容易和油親近（親油性高）。肥皂的清潔作用就是利用這個性質，肥皂是高級脂肪酸（弱酸）與氫氧化鈉（NaOH，屬於強鹼）中和所產生的鈉鹽，它的水溶液富含 OH^-，所以呈鹼性。

羧酸會與各種醇 R － OH、胺 R － NH_2 發生反應，如圖 5-9-1 所示，這些反應因為水分子脫離了反應物而構成新的鍵結，所以稱為脫水縮合反應（請參照 5-11）。

烷基取代成苯環（由六個碳原子構成的正六角形結構），即可形成芳香族羧酸（圖 5-9-3）。

圖 5-9-1 脫水縮合反應是什麼？

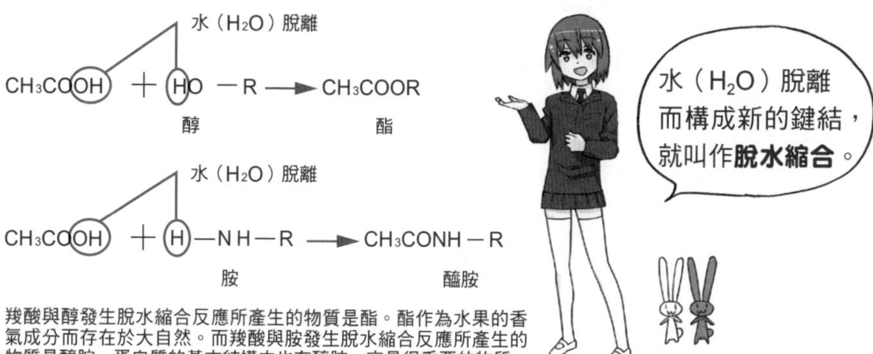

羧酸與醇發生脫水縮合反應所產生的物質是酯。酯作為水果的香氣成分而存在於大自然。而羧酸與胺發生脫水縮合反應所產生的物質是醯胺。蛋白質的基本結構中也有醯胺，它是很重要的物質。

圖 5-9-2 脫水縮合反應的例子

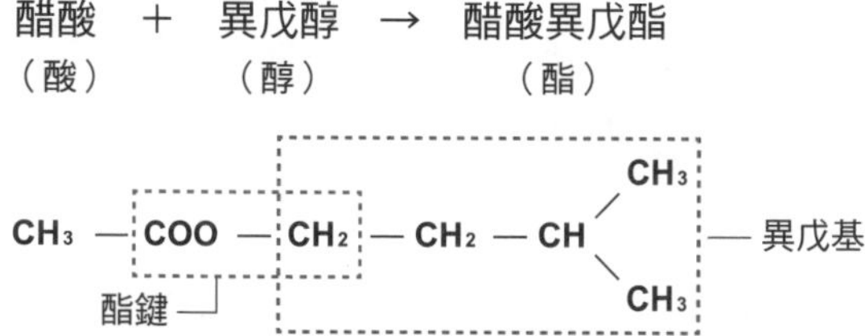

在脫水縮合反應中，「酸」與「醇」可構成酯鍵（新的鍵結）。醋酸異戊酯是香蕉香氣的主要成分，森林浴的有效成分「萜烯」也含有異戊基的結構。

圖 5-9-3 烷基取代成苯環的情況

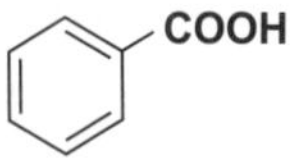

COOH

烷基取代成苯環會形成安息香酸。安息香是從東南亞植物的樹液取出的天然樹脂，它的烷基部分可以換成苯環，而形成芳香族羧酸。

5-10 合成清潔劑的成分是什麼？——磺酸

磺酸也是具代表性的有機酸，它來自苯環與濃硫酸的作用。磺酸的結構（R － SO_3H）與硫酸 H_2SO_4 近似，因此和硫酸一樣，解離度較大，呈強酸性。

$$R—SO_3H \rightarrow R—SO_3^- + H^+$$

以苯環作為烴基，即可合成芳香族磺酸。

$$R—C_6H_5 + H_2SO_4 \rightarrow R—C_6H_4 — SO_3H$$

此反應稱為磺酸化。磺酸化反應是將苯環的－ H 取代成－ SO_3H（磺酸基），利用了苯環容易引起取代的性質。

芳香族磺酸以長鏈烷基連接苯環上的 R，它與氫氧化鈉（NaOH）中和所產生的鹽會呈中性，因此不會傷布料，可廣泛用於合成清潔劑（ABS 清潔劑，圖 5-10-1）。

而且，聚苯乙烯（一種高分子化合物）的苯環被磺酸化，所產生的物質可作為陽離子來交換樹脂，被廣泛用於淡化海水（圖 5-10-2）。

我們很難以一般的方法將脂肪族的 R －直接與－ SO_3H（磺酸基）連接。但藉由長鏈的醇 R － OH 與硫酸 H_2SO_4 發生脫水縮合反應，烷基硫酸鹽即可被用作合成清潔劑（圖 5-10-1 下方）。

圖 5-10-1 合成清潔劑（陰離子型）

ABS (Alkyl Benzene Sulfonate) 清潔劑

(直鏈型) 十二烷基硫酸鹽清潔劑

圖 5-10-2 聚苯乙烯的磺酸化

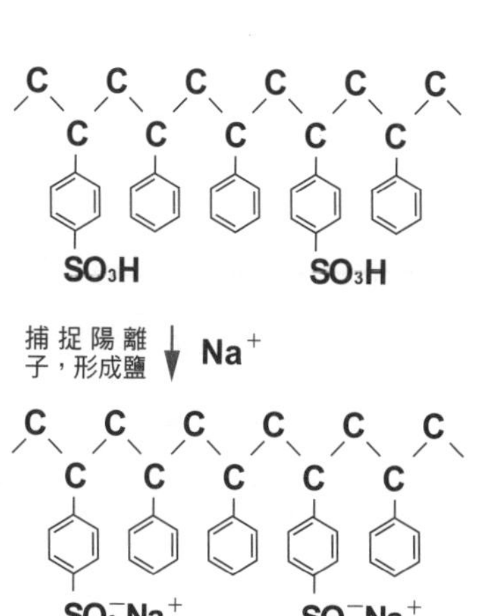

5-11 脂肪、蛋白質的基本物質是什麼？——酯與醯胺

羧酸與醇發生脫水縮合反應所產生的酯，以及羧酸與胺發生脫水縮合反應所產生的醯胺，是非常重要的物質，我們來仔細探討吧！

●酯化

醇與酚的 O － H 活性高，在鈉等金屬的還原作用下，氫很容易取代成金屬（產生氫氣）。所以酯化是 H 容易被其他物質取代的例子。

酯化就是羧酸 RCO － OH、硫酸 HO － SO_2 － OH、硝酸 HO － NO_2 等具有 OH 基的酸與醇 R － O － H，脫去水（H_2O），而彼此連接的反應。此反應中，只有少了水的部分會縮短並連接，所以稱為脫水縮合反應（請參照 5-09）。為了有效地引起脫水縮合反應，最好將反應所產生的水分子 H_2O 完全去除，所以適合選用有吸水作用的濃硫酸作為觸媒。

目前已知，脂肪酸酯有很多種，例如醋酸異戊酯（聞起來有香蕉、哈密瓜的香味），它是香蕉與柑橘類水果的香味成分，酪酸乙酯（聞起來有香蕉、鳳梨的香味）也是脂肪酸酯。

屬於無機強酸的硝酸所做成的酯類，包括硝化甘油（炸藥的原料、狹心症特效藥）、硝化纖維（無煙火藥、賽璐珞的原料）等。這些酯類都以「硝」為名，卻不是硝基化合物（請參照 5-13），而是硝酸與醇進行脫水縮合反應所產生的硝酸酯。硫酸酯則包括了烷基硫酸鹽（常用的合成清潔劑），請參考 5-10。

●醯胺化

胺的 N － H 活性沒有像醇和苯酚的 O － H 那樣活潑，即使如此，它還是很容易和具有 OH 的酸發生脫水縮合反應。然而，如果只是單純混合酸和胺（鹼性物質），即會產生中和反應而形成鹽，但不會產生脫水縮合反應，所以必須在反應條件（設定高溫或高壓）與觸媒等方面下工夫（請參照 6-04）。

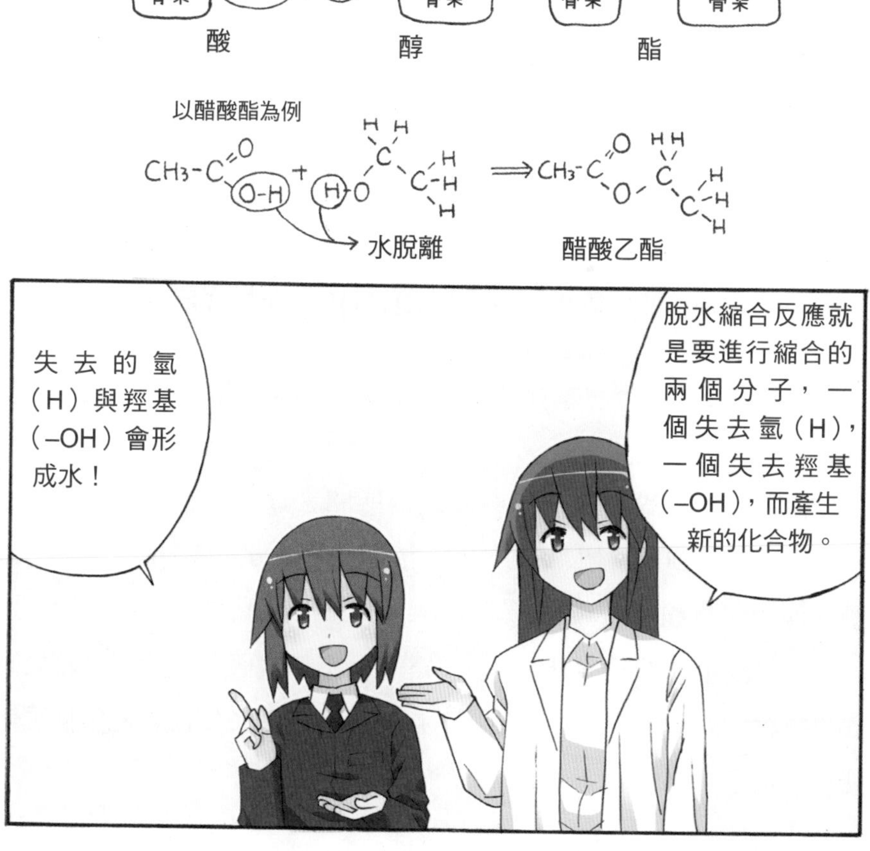

5-12 聚氯乙烯和鐵氟龍等常見物質——鹵化物

鹵素是週期表的第 17 族元素，而第 17 族是氟（F）、氯（Cl）、溴（Br）、碘（I）這個群組的總稱。第 17 族的元素又稱為鹵素，尤其是氯（Cl），大家都知道氯是構成氯化鈉（NaCl）與鹽酸（HCl）的元素。

第 17 族元素的電負度較大（請參照 2-05，容易形成陰離子），會和有機化合物的碳骨架形成共價鍵。與鹵素結合的物質稱為有機鹵化物，如果鹵素是氯，就會稱為有機氯化物。而氯乙烯和鐵氟龍等都是我們身邊常見的有機鹵化物。

$$CH_3CH_3 + Cl_2 \rightarrow CH_3CH_2Cl + HCl \text{（取代反應）}$$

$$CH_2 = CH_2 + Cl_2 \rightarrow ClCH_2CH_2Cl \text{（加成反應）}$$

$$CH = CH + 2Cl_2 \rightarrow Cl_2CHCHCl_2 \text{（加成反應）}$$

乙烷與氯的反應，拿掉了乙烷分子的一個 H，取代一個 Cl，稱為取代反應。

相對於此，烯類和炔類會傾向於解開 π 鍵（雙鍵或參鍵）爭奪氯，以求成為飽和烷類（誘導體）。這種反應稱為加成反應，每一個 π 鍵會附加兩個 Cl。

芳香族化合物的 π 鍵電子（π 電子）布滿整個環，所以很穩定。如果雙鍵解開而發生了加成反應，就會造成 π 電子無法布滿整個環而變得不穩定。

因此，芳香族化合物與乙烯的相異之處在於，**苯環不容易發生加成反應，但容易發生取代反應**。

如果以鐵粉為觸媒來促進氯分子（Cl_2）與苯的作用，就會生成氯苯（圖 5-12-1），因為苯環的氫原子 H 取代成氯原子（Cl），所以稱為取代反應。這種產生氯化合物的反應稱為**氯化**，而通常產生鹵化物的反應會稱為**鹵化**。

另一方面，以紫外線能量將氯（Cl）活化，使氯與苯環作用，苯環的雙鍵就會添加氯原子（Cl），而生成六氯環已烷。此反應是由 1 mol 的苯與 3 mol 的氯分子（Cl_2）發生加成反應（圖 5-12-2），生成物稱為六氯化苯（BHC），曾廣泛用作殺蟲劑，但因為有毒性的問題，現在已禁止使用。

圖 5-12-1 氯苯的生成方式

苯 ＋ Cl_2 —鐵粉→ 氯苯 ＋ HCl

以鐵粉為觸媒來促進氯分子（Cl_2）與苯產生作用，會形成氯苯。

圖 5-12-2 BHC 的生成方式

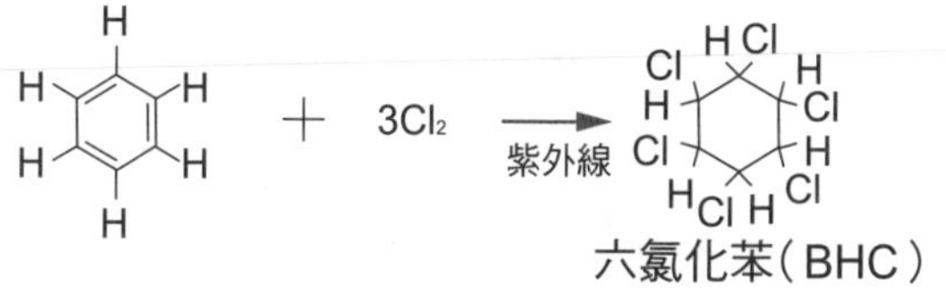

C_6H_6 ＋ $3Cl_2$ —紫外線→ 六氯化苯（BHC）

藉由紫外線使氯與苯環作用，可生成六氯化苯（BHC）。

5-13 不小心碰到手就會變黃色？——硝基化合物

苯與濃硝酸作用會得到硝基苯，因為硝基－ NO_2 是硝酸的 HO － NO_2 拿掉 HO －所形成的，所以與濃硫酸等具有脫水作用的物質同時存在，濃硝酸和芳香族的碳骨架 Ar － H（Ar 為苯環）即容易發生脫水縮合反應（圖 5-13-1）。具有苯環的硝基化合物大多呈黃色。

濃硝酸接觸蛋白質，蛋白質會變黃，稱為黃蛋白反應。這是因為構成蛋白質的芳香族胺基酸的苯環接受硝基化反應，而變成黃色的硝基化合物（圖 5-13-2）。如果手不小心誤觸濃硝酸，皮膚（蛋白質）就會發生黃蛋白反應而變成黃色。

如前所述，硝化甘油（炸藥的原料、狹心症特效藥）、硝化纖維（無煙火藥、賽璐珞的原料）的名稱雖然都有「硝」字，但它們的化學性質並不和硝基化合物屬於同類。硝酸與醇會發生脫水縮合反應而產生酯（圖 5-13-3），這個酯是同樣有碳骨架的 C 與硝基的 N，以氧 O 當作橋樑的結構，稱為硝酸酯。

本來脂肪族硝基化合物是指硝基－ NO_2 與甲烷或乙烷等碳骨架，直接結合而成的有機化合物，可產生自碘化烷 R － I 的反應，如下所示。

$$\text{R-I} \quad + \quad \text{AgNO2} \quad \rightarrow \quad \text{R-NO2} \quad + \quad \text{AgI}$$

硝基甲烷和硝基乙烷是無色的，具有與醚一樣的氣味，是液體。

圖 5-13-1 脫水縮合反應

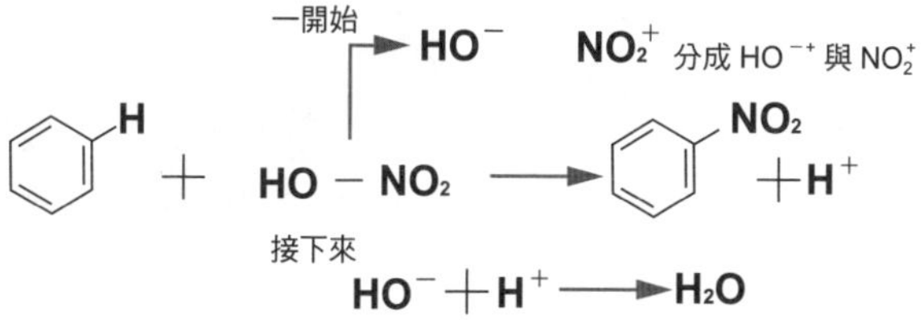

圖 5-13-2 黃蛋白反應

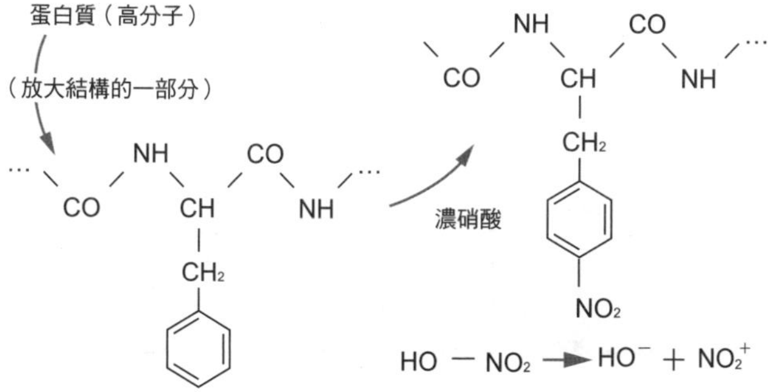

圖 5-13-3 脫水縮合反應所產生的酯

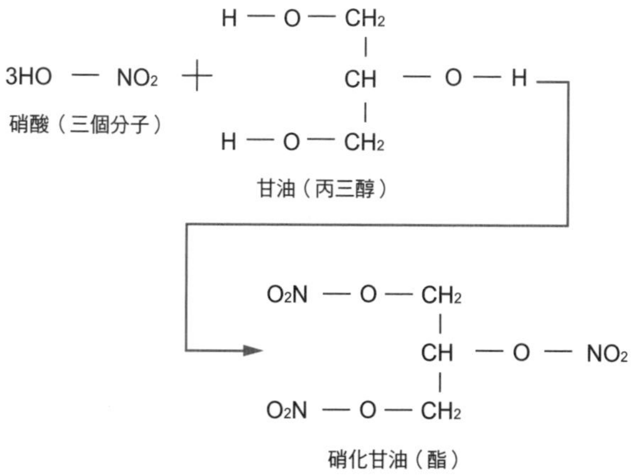

這是濃硝酸。

手碰到濃硝酸會變成黃色。
吧嗒
稱作黃蛋白反應。
給你！
嗯！

什麼啊，喂！我的手要溶化了！
慌慌
張張
馬上用清水洗掉就沒事了！

請不要模仿她喔！
皮膚只會暫時變黃色啦！
是吧～！

5-14 什麼是耦合反應？
——胺與重氮鹽

氮（N）所形成的最簡單化合物是氨（NH_3），而以脂肪族或芳香族的取代基，取代氨的 H，則會形成胺。胺類通常對生物體（活體）有害，它和氨一樣，大多有毒。然而，有的胺對於藥物和染料來說，是不可欠缺的原料。

由於胺基－ NH_2 很難直接放入碳骨架，所以我們通常會先取得硝基化合物，再用錫與鹽酸 HCl 等適合的還原劑，將硝基－ NO_2 還原，再轉變成胺基－ NH_2（圖 5-14-1）。還原硝基化合物，會因為硝基－ NO_2 可以轉變成胺基－ NH_2，而獲得胺。

如圖 5-14-2 所示，芳香族胺 Ar － NH_2（例如苯胺與磺胺酸）與亞硝酸鹽 $NaNO_2$ 作用，會產生稱為重氮鹽的 $Ar-N^+\equiv NCl^-$，這是一種參鍵離子物質。芳香族重氮鹽相當穩定，因此能夠與其他具有苯環或萘環的化合物進行耦合反應。

舉例來說，芳香族重氮鹽與「苯環＝Ar」耦合就會製造 Ar － N ＝ N － Ar，圖 5-14-2 即為常用指示劑甲基橙的合成實例。此反應所獲得的重氮耦合生成物中，兩個苯環之間會以偶氮基－ N ＝ N －作為橋樑（圖 5-14-3）。這個橋樑結構可以讓苯環電子，所以會使分子穩定，並吸收可見光的能量。因此，有很多重氮耦合的生成物，都會形成有顏色的化合物。

圖 5-14-1　轉換成胺基－NH_2

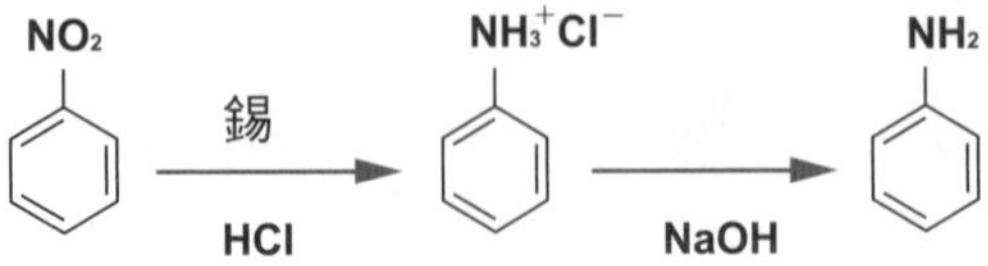

NO_2

錫

HCl

$NH_3^+Cl^-$

NaOH

NH_2

圖 5-14-2　甲基橙的合成範例

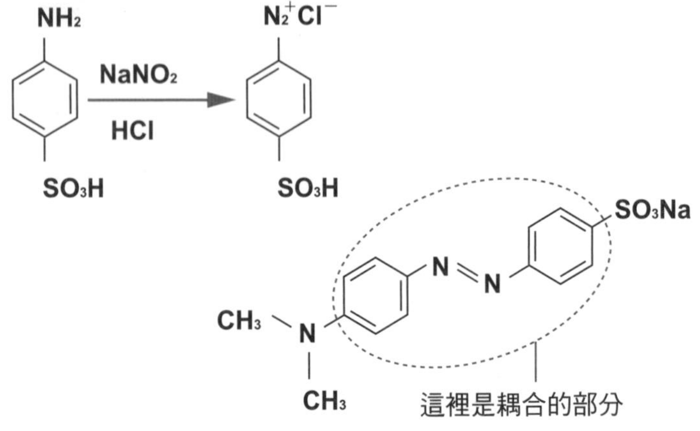

圖 5-14-3　N = N 的橋樑

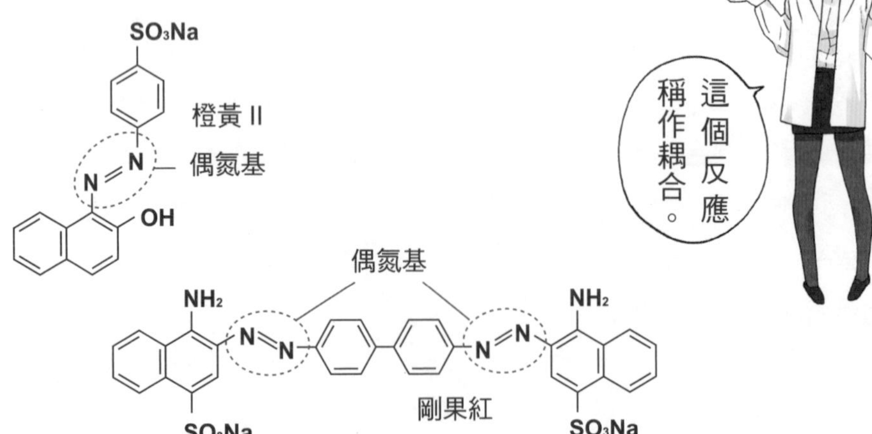

5-15 胺基酸是什麼？
——胺基與羧基的化合物

胺基酸就如同它的名字一樣，是一種分子含有胺基 NH_2 與羧酸 COOH 官能團（羧基）的化合物，屬於胺的一種。如同 5-06 提到的，一般胺基酸（α －胺基酸）都具有光學異構物（圖 5-15-1）。

而且一般來說，胺基酸都易溶於水，水溶液狀態的胺基酸，它自己的胺會和自己的羧酸中和形成鹽，稱為內鹽，也就是羧酸的有機胺鹽。

如果某個胺基酸的 COOH 基與另一個分子的胺基酸 NH_2 基，有水分子脫離，就會產生脫水縮合反應。此時，由於分子末端有尚未反應的 COOH 基可以和別的胺基酸連接，會形成一個長鏈分子，那就是蛋白質。

通常，羧酸與胺的水分子脫離，且彼此縮合所形成的化合物稱為醯胺，而連接處的－ CO － NH －鍵稱為醯胺鍵。醯胺鍵也常稱為肽鍵。

有趣的是，構成動物體的蛋白質幾乎都只由 L※ －胺基酸形成，而且是脫水縮合的產物。這是因為人體會巧妙地區分胺基酸的 D －體與 L －體（兩者互為光學異構物），只有 L －體的胺基酸可作為構成蛋白質的鏈狀材料。

舉例來說，我們只能感覺到 L －體胺基酸的美味成分，所以化學調味料會使用 L －穀胺酸的胺基酸鈉鹽，D －穀胺酸則嚐不出味道。

※ L 代表左旋化合物，相對地，D 代表右旋化合物。

構成蛋白質的胺基酸有二十種，其中八種為必需胺基酸，分別為纈胺酸、白胺酸、異白胺酸、蘇胺酸、甲硫胺酸、苯丙胺酸、色胺酸、離胺酸。這些胺基酸都只能由食物攝取（經由口腔攝取）。然而，如圖 5-15-2 所示，其他十二種胺基酸則可藉由轉移酵素作用來形成。

圖 5-15-1　胺基酸的結構

L－胺基酸和D－胺基酸互為光學異構物！

圖 5-15-2　藉由轉移酵素進行胺基酸的轉換

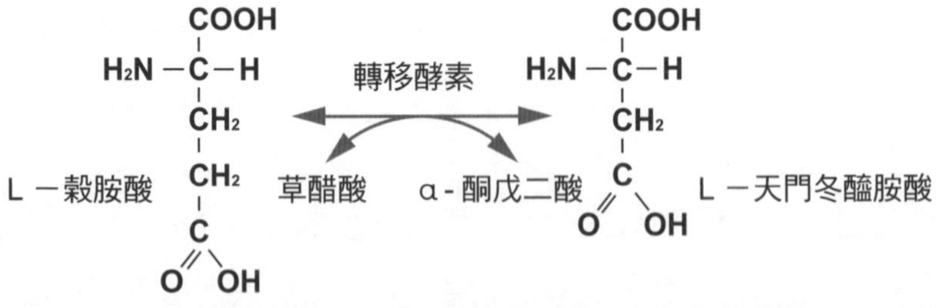

必需胺基酸不可藉由轉換來形成，但其他胺基酸則可互相轉換。

專欄

人體與毒氣有共通點嗎？
——兩者都含有硫與磷的有機化合物

5-10 已介紹過 ABS 清潔劑與（直鏈型）十二烷基硫酸鹽清潔劑（圖 A），它們是含硫的有機化合物，此外，人體也具有重要的有機硫化合物以及有機磷化合物。

首先，半胱胺酸就是以－ SH 基形式結合硫的胺基酸，如前所述，胺基酸是形成體內蛋白質的要素，如果蛋白質的結構含有兩個半胱胺酸，兩個－ SH 基就會產生－ S － S －鍵結，而形成架橋一般的狀態（圖 B），這是因為酵素和其他蛋白質會選擇性地區分作用對象（基質），所以才會形成結合。

許多磷以磷酸鈣的形式存在於骨骼當中，以磷脂這樣的形式存在的磷也是構成細胞膜不可欠缺的成分。

磷脂是一個油脂的脂肪酸取代成磷酸，而形成的物質，它是一個分子中同時存在磷酸酯（親水性）與長鏈羧酸酯（疏水性、親油性）的形式，而磷酸酯的一端也會和稱為膽鹼的低分子量親水基結合，所以在水中可構成三明治結構（亦即層狀微膠粒是細胞膜的基本結構，圖 C），而磷酸酯也存於建構 DNA 雙螺旋結構的基本單元中。

然而，磷和硫大多屬於毒氣的成分，例如沙林（$C_4H_{10}O_2FP$，神經毒氣）即含有磷，芥子毒氣（$(ClCH_2CH_2)_2S$，糜爛性毒氣）則含有硫（圖 D）。

專欄

圖 A 含硫的有機化合物

$R-C_6H_4-SO_3^-Na^+$

ABS 清潔劑

$R-O-SO_3^-Na^+$

（直鏈型）十二烷基硫酸鹽清潔劑

圖 B 蛋白質的架橋結構

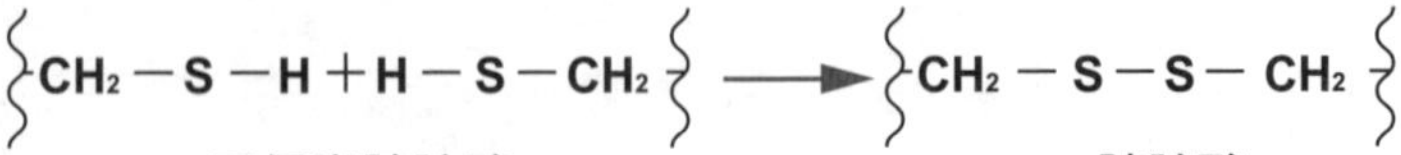

$\sim CH_2-S-H + H-S-CH_2 \sim \longrightarrow \sim CH_2-S-S-CH_2 \sim$

兩個半胱胺酸 → 胱胺酸

圖 C 構成細胞膜的磷脂

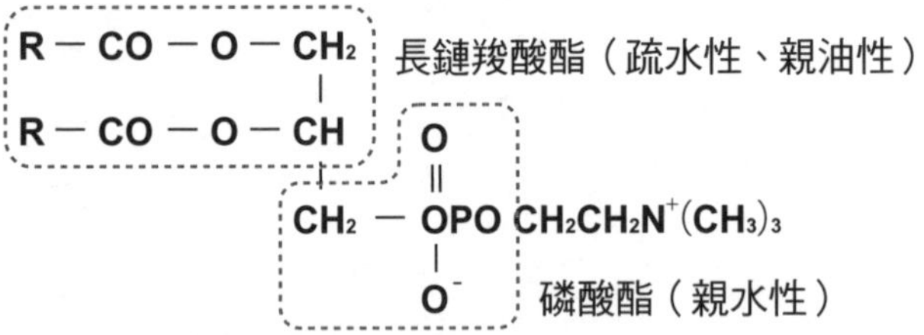

$R-CO-O-CH_2$

$R-CO-O-CH$

$CH_2-OPO(=O)(O^-)\,CH_2CH_2N^+(CH_3)_3$

長鏈羧酸酯（疏水性、親油性）

磷酸酯（親水性）

圖 D 含有磷與硫的毒氣

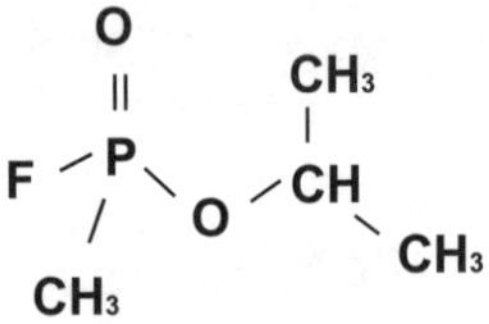

$F-P(=O)(CH_3)-O-CH(CH_3)_2$

沙林

$Cl-CH_2-CH_2-S-CH_2-CH_2-Cl$

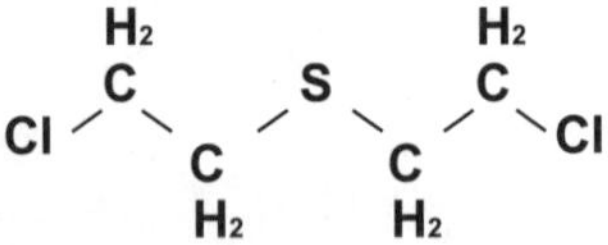

芥子毒氣

第 6 章

什麼是高分子化合物？

高分子化合物是由很多分子連接而成的化合物。
蛋白質和塑膠都是代表性的高分子化合物。
本章將介紹高分子化合物的製造方法，以及代表性的高分子化合物特徵。

6-01 聚合物的「聚」是什麼意思？——天然高分子化合物與合成高分子化合物

高分子化合物又稱作**聚合物**，「聚」是「很多」的意思。將一個小迴紋針比喻成一個分子，迴紋針可以一個接一個地連接下去，形成迴紋針的連鎖。將迴紋針的連鎖想成是由幾千個、幾萬個，或是更多個分子的連接，即是聚合物的概念。

即使一個分子本身很小，但是由幾萬個分子連接而成的聚合物卻是很龐大的大分子，所以分子量高達數萬到數百萬。

那麼，屬於碳單體的鑽石與它的同位素石墨，又是如何構成的呢？鑽石就像冰的結構一樣，是立體的；石墨就像苯環橫向排列，是平面的。很多的碳原子互相結合，就可形成巨大的分子（大分子結晶）。

然而，無論怎麼分解鑽石，它也不會分解成一個個基本的分子（迴紋針），而是會分離成一個碳原子。但本章要介紹的高分子化合物不是這樣的物質，而是**以一個分子為單位，由好幾個分子連接而成的、分子量大的長鏈狀或是網狀結構的化合物**。

天然高分子化合物包括蛋白質、醣類（澱粉和肝糖）、纖維素；合成高分子化合物則包括各種合成纖維、合成樹脂（塑膠）、合成橡膠等。

註：日文的分子與文枝讀音相近，文枝一門為日本落語家。

6-02 寡糖是什麼樣的糖？——單體與聚合物

如同一個個迴紋針的結構單元——分子，稱為單體；兩個單體連接而成的分子稱為二聚體（雙體）；比二聚體長一點，大約有八個分子連接在一起則稱為寡聚物（圖 6-2-1）。以醣類為例，葡萄糖是單體（圖 6-2-2），蔗糖是葡萄糖與它的同類（果糖）連接而成的二聚體（圖 6-2-3），而寡醣就是好幾個糖連接而成的寡聚物（圖 6-2-4）。這些物質都可以對應到肽（蛋白質的同類），請看右頁的表。

圖 6-2-1　根據結構單元的數量決定名稱

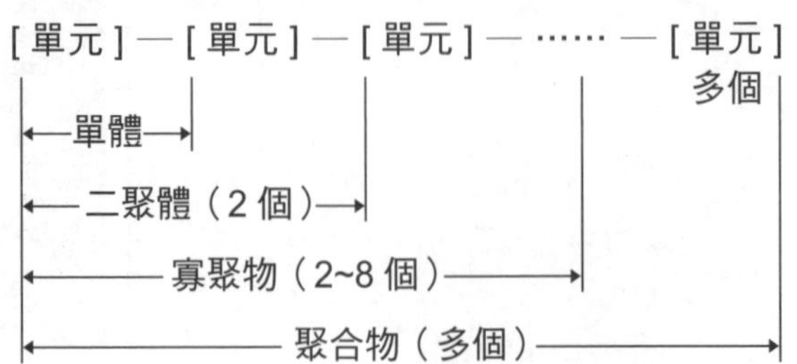

圖 6-2-2

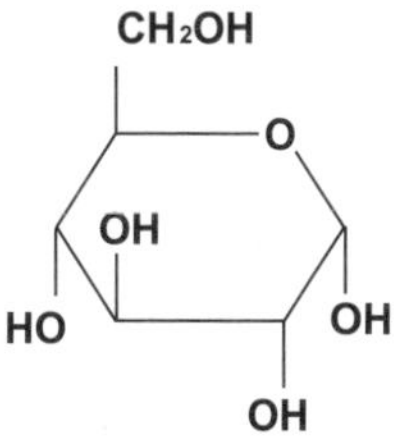

CH₂OH
O
OH
HO
OH
OH

葡萄糖的簡易結構式，屬於單醣類。

圖 6-2-3

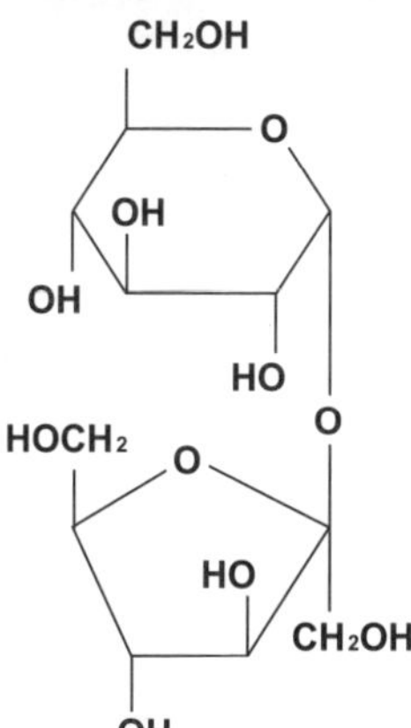

蔗糖（砂糖）的簡易結構式，屬於雙醣類。

圖 6-2-4

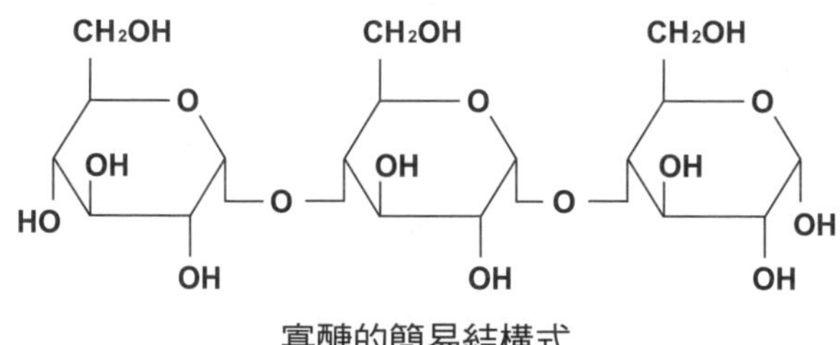

寡醣的簡易結構式

表 單體與聚合物的不同名稱

一般名稱	醣類	肽（蛋白質的同類）
單體	單醣類（例：葡萄糖）	胺基酸
二聚體	雙醣類（例：蔗糖）	二肽
寡聚物	寡醣	寡肽
聚合物	多醣類（例：澱粉）	多肽

6-03 如何製造高分子？1 ——加成聚合

將單體一個個連接成聚合物的方式，我們稱為聚合，很多烯類（請參照 5-3）都適合聚合成聚合物。若有適合的觸媒，烯類的一個雙鍵便會打開，與鄰近的烯類分子構成新的鍵結，接著另一個雙鍵也會打開，鍵結的手伸向下一個分子，這樣的過程會不斷重複。以下圖的形式，一次又一次與鄰近的烯類分子 CH_2 進行加成反應，這種直鏈狀的反應稱為加成聚合※。

$$CH_2 = CH_2 \quad CH_2 = CH_2 \quad (CH_2 = CH_2)_n$$

以這種方式，兩個、三個、四個……連接下去的聚合物，分子量也會以二倍、三倍、四倍……的整數倍增加。

為了要讓烯類分子相互反應，必需有適合的觸媒，例如酸、鹼、過氧化物、過渡金屬等。這些觸媒攻擊烯類分子時，烯類的雙鍵會有一個鍵（π 鍵）打開，而與鄰近的烯類分子構成新的鍵結，接著下一個烯類分子雙鍵又會打開，將鍵結的手伸向下一個烯類分子，這種不斷鍵結的過程會一直重複，稱為連鎖反應。

烯類會盡全力且不斷地與鄰近的烯類分子進行加成反應，藉此方式形成連續的鍵結，所以整個聚合物會以鏈狀方式連接，我們稱這種反應為加成（自由基）聚合。右頁介紹的即是透過有機過氧化物進行的烯類加成聚合反應。

※ 生活中常用的塑膠，例如氯乙烯、發泡苯乙烯等，皆是以這種形式聚合而成的製品。

但是幾乎沒有天然高分子化合物是透過加成聚合反應產生的，介紹縮合聚合的下一章節會進一步解說天然高分子化合物。

6-04 如何製造高分子？2
——縮合聚合

屬於合成纖維的尼龍是由己二酸（一種羧酸）與己二胺（一種胺）製成，但它的聚合方式與烯類很不同。羧酸與胺混合，施予加壓、加熱，就會引發脫水縮合反應。因為己二胺的兩側都有 NH_2 基，而己二酸的兩側都有 COOH 基，所以這兩個官能基會重複脫水縮合反應。最後，分子鏈會一直延伸直到變為高分子（圖 6-4-1），這種縮合反應重複發生而生成聚合物的反應，稱為縮合聚合（縮聚反應）。

再舉一個例子，乙醇和一個 OH 基可連接成 1,2– 乙二醇（乙烯二醇）。這種物質可用於汽車的防凍劑。以脫水縮合反應的方式醚化 1,2– 乙二醇，讓兩個分子的 1,2– 乙二醇脫去水，產生醚，使二聚體的分子末端殘留 OH 基，這個 OH 基會和 1,2– 乙二醇的 OH 基起反應，此時水分子會再脫離，產生連接。這就像兩個相連的迴紋針會和第三個迴紋針連接一樣。

之後，依順序重複這個反應，就會形成聚合物（圖 6-4-2）。因為這是乙烯二醇的聚合物，所以稱為聚乙二醇。像這樣，具有兩個以上 OH 基的單體（單醣類），可以在兩側進行脫水縮合反應，而形成聚合物，也就是以醚鍵連結的聚合物。

※ 將乙醇和硫酸逐漸加熱，讓兩個分子的乙醇脫去水，即可產生乙醚。具有 OH 基的醇化合物會有以下性質：兩個分子失去水並結合，就會變成醚。

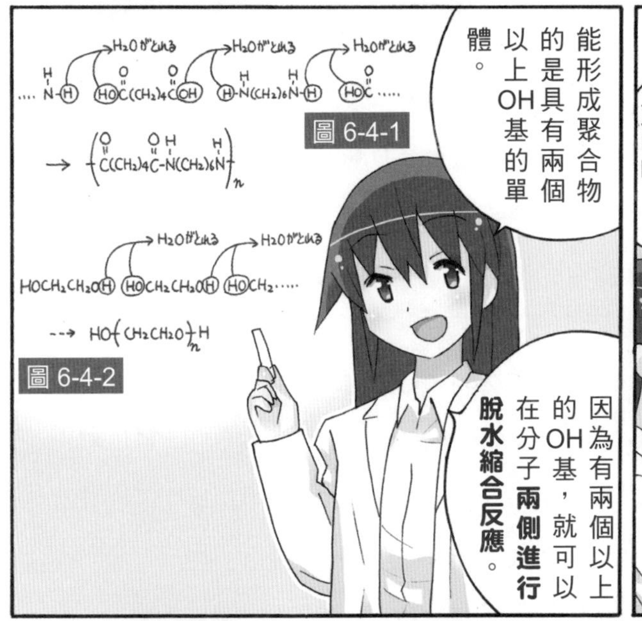

※ 縮合聚合反應的過程中，會釋出 H_2O、HCl 等小分子。

6-05 羊為什麼能吃紙？

——醣類 1

葡萄糖可產生屬於澱粉主要成分的直鏈澱粉，如圖 6-5-1 所示，也可產生屬於纖維（例如紙）主要成分的纖維素，如圖 6-5-2 所示，這兩者都是聚合物，又屬於醣類，所以稱為多醣體。它們只差在醚鍵連接處的 OH 基方向不同。

人可以消化澱粉，但無法消化纖維素，這是因為人具有的消化酵素可以切斷直鏈澱粉的鍵結，但無法切斷方向不同的纖維素鏈結。

可是，草食性動物的胃所具有的酵素（纖維素酶）可以切斷纖維素的鍵結，所以草食性動物可以吃植物的葉和莖，作為自己的營養成分。

關於澱粉，有一個很有名的檢測反應，是將碘－碘化鉀水溶液滴在馬鈴薯的切口上，使之呈現（顯現）藍紫色，此即碘澱粉反應。

構成澱粉的直鏈澱粉，形狀是如圖 6-5-3 所示的螺旋狀。滴入碘，碘分子（I－I）會進入螺旋中心，而且碘分子的尺寸剛好能進入螺旋結構的隧道，所以會穩定地結合。

這種由分子（主人）提供空間，把其他分子當作客人拉進來的情況，稱作包合，而整個分子則稱作包合物。

圖 6-5-1 直鏈澱粉的示意圖

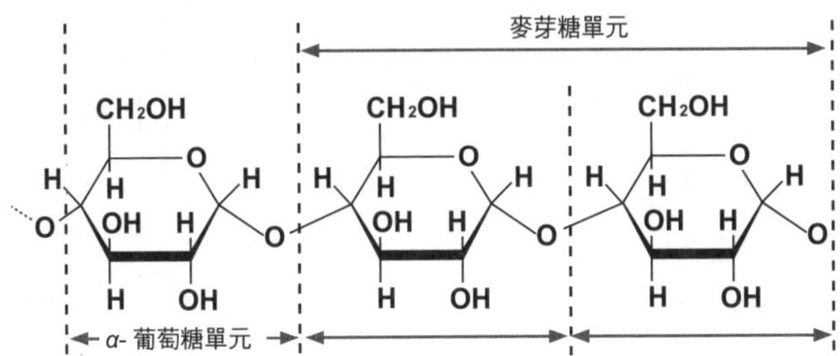

圖 6-5-2 纖維素的示意圖

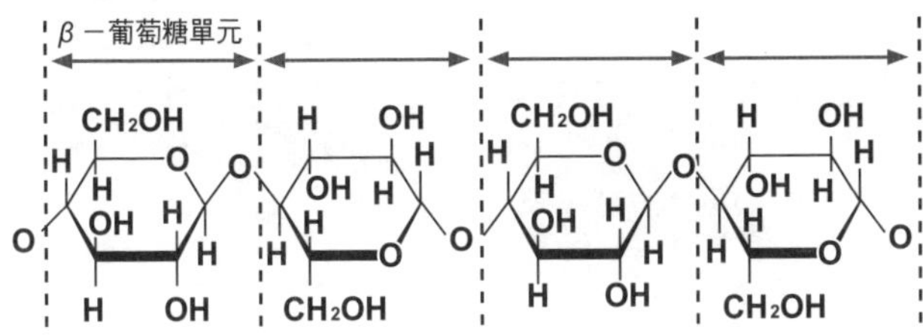

圖 6-5-3 纖維素的隧道

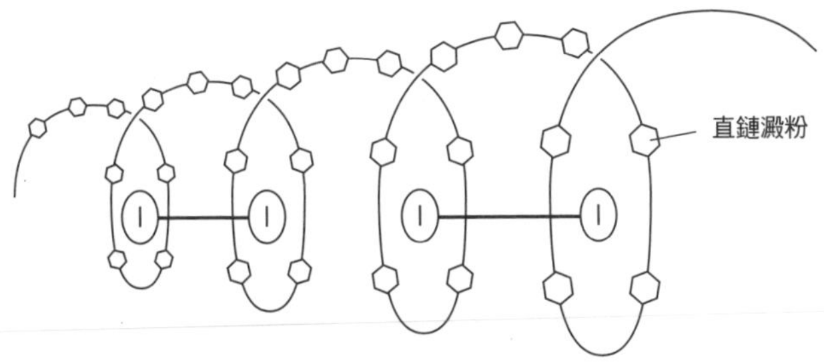

碘分子（I－I）被包含在螺旋狀的直鏈澱粉隧道中

黑兔，聽說你喜歡姬喔！
為……為什麼突然這麼說？
砰

喜歡就直接告白吧！難不成你是草食系男子啊？
就是具有酵素可以分解纖維素的草食系啊！我今天就叫你纖維素男好了！
嘻
嘻
咦？為什麼是這種「系」？

沒錯，兔子都是具有酵素，可以分解纖維素的草食系，白兔也是喔！
咦？
我也是草食系？

6-06 糖為什麼是甜的？——醣類 2

糖的最大特徵就是它的「甜味」吧！屬於有機化合物的糖和醇一樣，都具有 OH 基（羥基），OH 基的數量越多，人吃起來就越覺得甜。糖通常有很多 OH 基（例如葡萄糖就有五個），可以說是多價醇的同類。

葡萄糖的環狀結構，包括 α －型與 β －型，如圖 6-6-1 所示。其中，α －葡萄糖的右下方兩個 OH 基，如果都往下，就是順式；而 β －葡萄糖的右下方兩個 OH 基，若是位在相反側的位置，即是反式。從立體結構來看，OH 基位在相反側的反式會比較穩定。

無論是哪一類型的葡萄糖，在溶於水的狀態下，順式與反式都會相互轉換，經過一段時間，就會變成混合物（平衡混合物）。混合的比例為：較穩定的 β －型佔三分之二，較不穩定的 α －型佔三分之一，開鏈式則佔微量。

單醣類會在環狀結構的狀態下，相互鍵結。如果葡萄糖的 OH 基與另一個葡萄糖的 OH 基因脫去水分子而結合，就可以形成醚鍵。而醣類的醚鍵特別稱為醣苷鍵。

因為具有醚結構的物質是由兩個環狀的葡萄糖結合而成，所以是二聚體（雙醣類），稱為麥芽糖（圖 6-2-2）。澱粉被酵素消化，即會先分解成麥芽糖。

這種雙醣類包括蔗糖（砂糖的化學名稱）以及母乳所含的乳糖等物質（圖 6-6-3、圖 6-6-4）。

蔗糖是葡萄糖（六員環）與果糖（五員環）的二聚體，而乳糖是葡萄糖與半乳糖（六員環）的二聚體。

圖 6-6-1　α－葡萄糖⟷開鏈式⟷β－葡萄糖

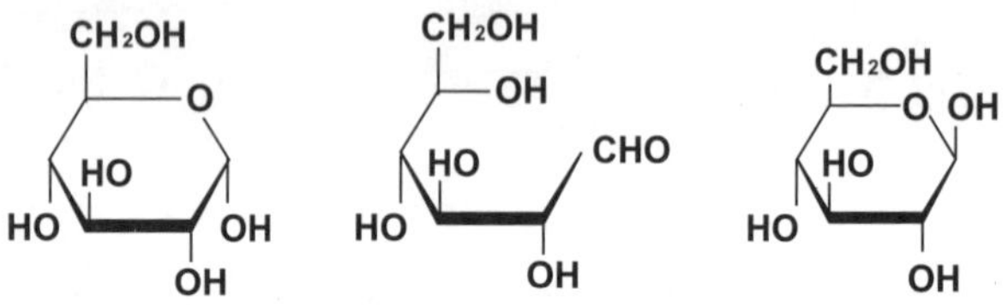

α－葡萄糖　開鏈式　β－葡萄糖

圖 6-6-2

麥芽糖（β 型）的簡易結構式

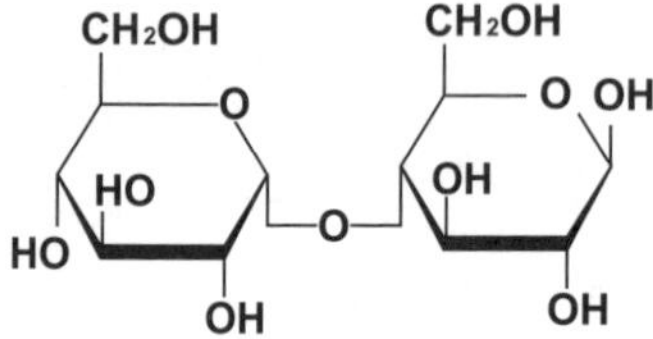

圖 6-6-3

蔗糖的簡易結構式

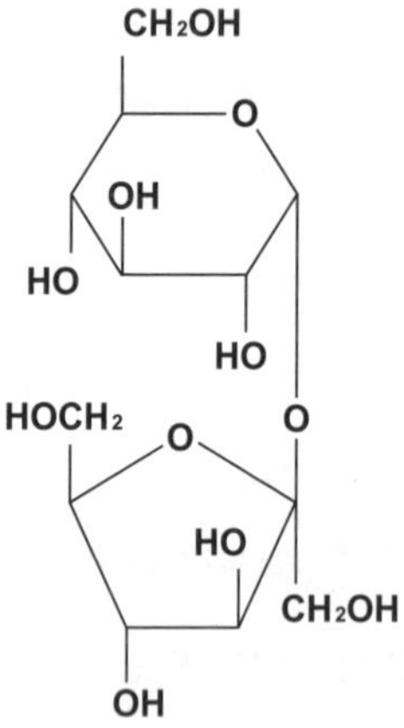

圖 6-6-4

乳糖（β 型）的簡易結構式

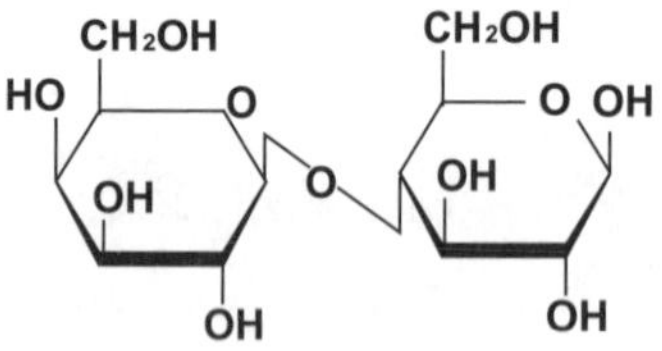

6-07 如何製造蛋白質？
——胺基酸與蛋白質 1

醣類是分子兩側的兩個 OH 基進行脫水縮合反應，而形成醚鍵的聚合物。胺基酸如同它的名字一樣，是具有胺基（NH_2）與羧基的化合物，可算是胺的羧酸。

在生物體中，某個胺基酸的 COOH 基與另一個胺基酸的 NH_2 基，若有水分子脫離，就會發生脫水縮合反應，此時，由於分子末端還有尚未反應的 COOH 基，所以可以和別的胺基酸連接，一直重複下去，最後形成胺基酸的聚合物，也就是**蛋白質**（酵素也是一種蛋白質，圖 6-7-1）。

通常，羧酸與胺的水分子脫離，且彼此縮合所形成的化合物，稱為醯胺。而使之相連的－ CO － NH －鍵稱為醯胺鍵，此鍵結若用於蛋白質則稱為**肽鍵**。由好幾個胺基酸連接而成的寡聚物，稱為**寡肽**，形成高分子蛋白質的物質則是**多肽**。

胺基酸的排列順序是**支配酵素與其他蛋白質性質與功能的最重要因素**，這稱為**胺基酸配列**（序列），又稱為蛋白質的一級結構。因此，要研究蛋白質就要先依次確定鏈狀胺基酸的配列順序。一九五五年，人們最先確定了胰島素（一種荷爾蒙）的胺基酸配列，之後亦有數千種蛋白質的胺基酸配列被一一確定。

最近，借助高精密度的自動分析儀器（PCR 法）之力，這項作業已可在短時間內完成。此外，蛋白質其實是立體的形狀喔（**圖 6-7-2**）。

圖 6-7-1　蛋白質是胺基酸的聚合物

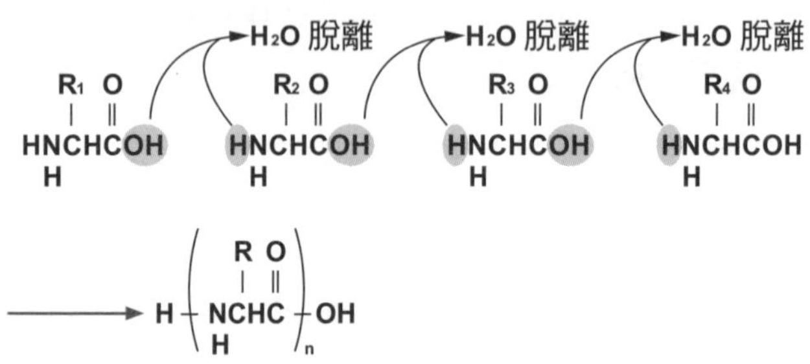

圖 6-7-2　蛋白質 α 一螺旋結構的示意圖

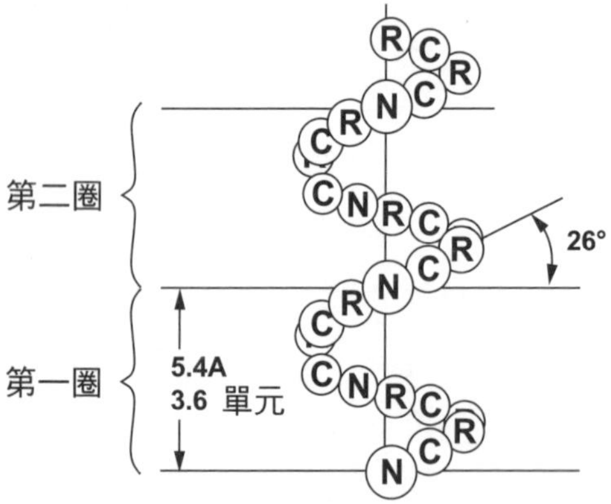

第二圈
第一圈
5.4A
3.6 單元
26°

α 一螺旋結構是蛋白質的代表性二級結構。

6-08 蛋白質如何作用？

——胺基酸與蛋白質 2

蛋白質的多肽鏈並不是直線狀排列，很多時候它如第 220 頁圖 6-7-2 所示，是螺旋形狀（α－螺旋結構）或其他形狀。此外，胺基酸的脯胺酸與半胱胺酸的作用，是決定多肽鏈立體形狀的關鍵。脯胺酸會形成曲折的鏈狀，不同個半胱胺酸的 SH 基之間會建立架橋鍵（－ S － S －），使蛋白質呈立體形狀（稱為二級結構、三級結構）。

酵素（例如胰島素）雖然都是由蛋白質產生的，但是每個蛋白質都具有獨特的三維結構，使酵素可以分辨作用的對象（基質），例如澱粉酶只會對澱粉作用，脂肪酶只會對油脂作用。

毛髮包含了許多稱為角蛋白的硬蛋白質，因為角蛋白含有許多胱胺酸，所以多肽鏈彼此會以－ S － S －鍵架橋，而不溶於水，屬於穩定的蛋白質，可以提供保護動物的表皮（角質）。

用於燙髮的冷燙液則是利用以下化學反應：將胱胺酸的－ S － S －鍵切斷，再將切斷部分變為半胱胺酸的 SH 基，此時將頭髮上捲，再次以－ S － S －鍵架橋，就會形成固定捲度的結構（圖 6-8-1）。

蛋白質的蛋白原本是指蛋的蛋白，如同水煮蛋，蛋白質遇熱會凝固，即使冷卻下來，也不會恢復原狀，這種特性稱為熱變性。此外，皮膚如果不小心沾到硝酸，會立即變成黃色（黃蛋白反應），這是因為硝酸作用於蛋白質，蛋白質的苯基丙胺酸等苯環會被硝基化，而變成黃色。

檢測水溶性的肽會使用縮二脲反應或茚三酮反應。縮二脲反應是以氫氧化鈉提供鹼性環境，再加入少量的硫酸銅（II）水溶液。溶液中如果有肽，就會和 Cu^{2+}形成錯離子，變成紅紫色。

茚三酮反應則是在中性水溶液中加入少量的茚三酮，煮沸後放置冷卻，如果溶液中有蛋白質或胺基酸，就會產生由藍紫色變為紅紫色的顯色變化（圖 6-8-2）。

圖 6-8-1　燙髮造成的結構變化

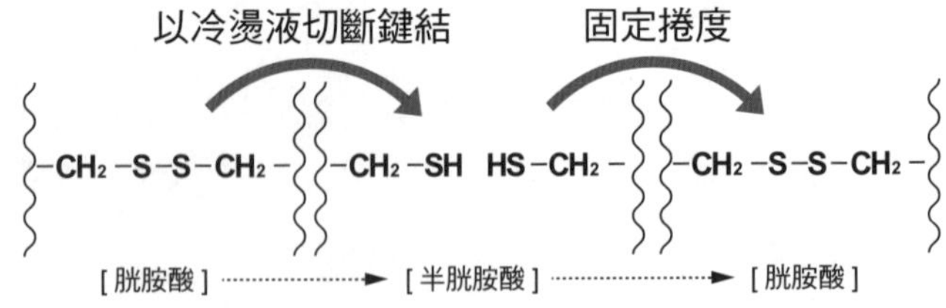

圖 6-8-2　茚三酮反應

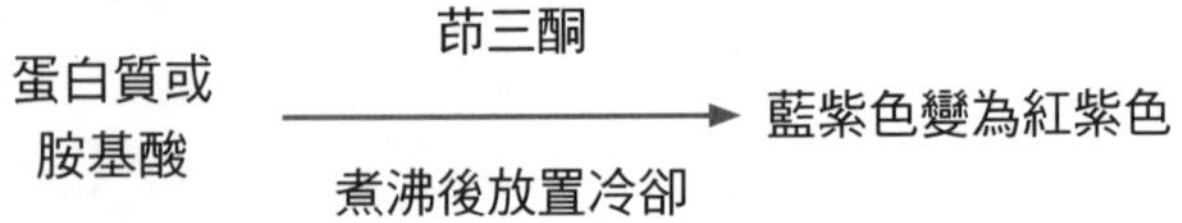

蛋白質或胺基酸 —茚三酮／煮沸後放置冷卻→ 藍紫色變為紅紫色

女性的髮型可塑造成可愛的捲髮，是利用化學反應改變毛髮的蛋白質結構！
我們來瞧瞧如何讓頭髮產生捲度吧！

首先，用冷燙液將鍵結切斷，予以固定，再加熱。
以冷燙液切斷鍵結
固定捲度
[胱胺酸]
[半胱胺酸]
[胱胺酸]

如此一來，頭髮的捲度就固定了！

6-09 橡膠為什麼會伸長？
——秘密藏在順式的雙鍵

橡膠有分天然橡膠和合成橡膠，橡膠的重要特徵是受力會伸長，力道鬆開就會恢復原狀。塑膠（plastic）是利用可塑性，以柔軟的狀態成形，而且成形後的形狀會維持下來；相對於此，橡膠的彈力特性稱為彈性，力道鬆開就會恢復原狀。這兩者是對比的。

收集橡膠樹受傷所分泌的樹脂（乳膠），再加入醋酸等凝固劑，即可製成天然橡膠。基本單位是稱作異戊二烯的化合物。異戊二烯具有兩組雙鍵，天然橡膠可說是它的聚合體（圖 6-9-1）。

聚合的橡膠結構中仍殘留順式的雙鍵，這一點和聚乙烯（普通的加成聚合）不同，這就是彈性的來源。生膠具有些微彈性，加入硫（硫化）就會在雙鍵部分架橋，增加彈性，可是若加太多硫就會失去彈性，變成硬的塑料形狀，稱為硬橡膠。硬橡膠可用於電子零件材料等。

橡膠樹是熱帶植物，只能在溫暖的地區栽種，而且還有以下缺點：天然橡膠易溶於油，在寒冷地區會變硬等。

因此，我們將基本骨架為異戊二烯的 1,3– 丁二烯與用氯取代的氯丁二烯等單體聚合，開發了各種合成橡膠（圖 6-9-2）。含矽的橡膠（矽膠）也被實際應用在日常生活，這些合成橡膠與矽膠是具有耐油性、耐寒性、耐熱性、耐磨耗性等優異性質的高機能橡膠。

圖 6-9-1　天然橡膠的結構式

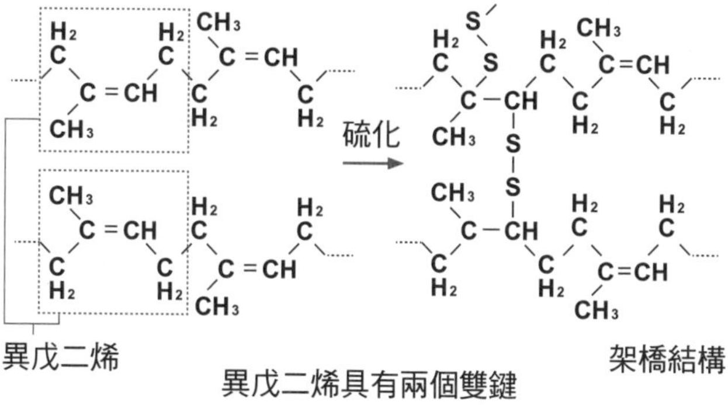

圖 6-9-2　各種合成橡膠的結構式

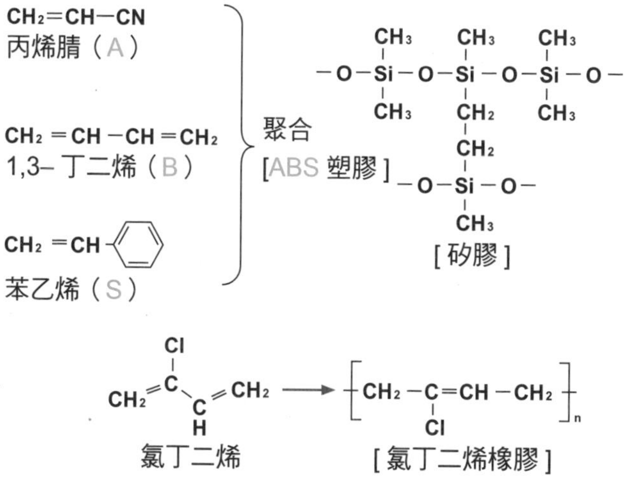

6-10 塑膠袋為什麼可怕？——可塑劑使聚氯乙烯軟化

烯類分子相互聚合所形成的聚合物，大多是在耐久性、耐化學品性、彈性、透明性、絕緣性、耐熱性等方面表現優異的塑膠。

它們除了可做成塑料桶和水管等成型品，也廣泛用於合成纖維、薄膜、塗料、醫療材料等。聚乙烯、鐵氟龍、發泡聚苯乙烯（聚苯乙烯）、氯乙烯（聚氯乙烯）、賽綸（聚偏氯乙烯）等，都是我們日常生活中耳熟能詳的聚合物。

下一頁的表列出以烯類為單體形成的各種聚合物，觀察它們的結構與用途，即可了解我們經常使用的製品是由烯類的何種聚合反應製成的。

聚氯乙烯是硬質的高分子化合物，製程中如果加入酞酸酯，就可以製造出柔軟的聚氯乙烯樹脂。這種具彈性的高分子化合物可用於園藝的軟管，以及乙烯合成皮等。

通常，加入這種硬質高分子化合物中，以提高柔軟性、加工性的添加劑，稱為可塑劑。塑膠和其他製品常會添加可塑劑或紫外線吸收劑，以保護塑膠免於紫外線的破壞。

在工業上，常用於塑膠的添加物包括鄰苯二甲酸二乙基己酯（又稱為鄰苯二甲酸二辛酯）與雙酚 A。有報告指出這些添加物會稍微溶出，而囤積在人類的脂肪組織，擾亂人體的內分泌，令人十分擔憂。

雖然目前已知，這些添加物可能會對魚類等水中生物造成影響，但是對哺乳類的影響仍有待釐清。

表 以烯類為單體而形成的各種聚合物（結構與用途）

單體	聚合物	名稱（簡稱）	用途
$H_2C{=}CH_2$	$\left(CH_2CH_2\right)_n$	聚乙烯（PE）	容器、塑膠袋
$H_2C{=}CH(Cl)$	$\left(CH_2CH(Cl)\right)_n$	聚氯乙烯(PVC,V)	水管、軟管
$H_2C{=}CH(CH_3)$	$\left(CH_2CH(CH_3)\right)_n$	聚丙烯（PP）	容器、薄膜
$C_6H_5CH{=}CH_2$	$\left(CH_2CH(C_6H_5)\right)_n$	聚苯乙烯（PS）	發泡聚苯乙烯
$F_2C{=}CF_2$	$\left(CF_2CF_2\right)_n$	鐵氟龍	鐵氟龍
$H_2C{=}CCl_2$	$\left(CH_2CCl_2\right)_n$	聚偏氯乙烯(賽綸)	食物保鮮膜
$H_2C{=}CH(CN)$	$\left(CH_2CH(CN)\right)_n$	聚丙烯腈（奧綸）	壓克力纖維
$CH_3COOCH{=}CH_2$	$\left(CH_2CH(CH_3COO)\right)_n$	聚醋酸乙烯酯	接著劑

6-11 尼龍是絲的仿冒品？——煤、水、空氣所製成的合成纖維

接下來，我們來看看尼龍（聚醯胺纖維）！它可說是以縮合聚合方式製造的代表性纖維。絲（silk）是取自蠶繭的高級天然纖維，但價位很高。

於是有人嘗試以人工方式連接好幾個肽鍵，來製造新的人工纖維，因為蠶繭是一種蛋白質（含有許多甘胺酸與丙胺酸），是以肽鍵連接的高分子化合物。

一九三五年美國的華萊士．卡羅瑟斯無意中發明了尼龍。尼龍是由二胺（己二胺等）與二羧酸（己二酸等）製得的合成纖維（圖 6-11-1）。

尼龍作為世界上的第一種合成纖維，使許多人得以使用便宜且質感好的纖維製品，到現在人們對尼龍的需求還是很大，而且不只用作纖維，也廣泛用在各種成型品、板材、薄膜與管線等，它們總稱為聚醯胺合成高分子物質。

人們對尼龍的大量需求，促進了好幾種創新單體成分以及平價合成方法的開發。構成尼龍的己二胺當初就是從己二酸轉換而來的，而己二酸則是由苯合成的，所以尼龍的廣告標語就是「煤（苯）、水、空氣（O_2）所製成的合成纖維」。後來，己二胺改用製程較短的 1,3– 丁二烯合成方法製得。

此後，單體分子原本就含有醯胺鍵，而且由 ε – 己內醯胺合成的尼龍 6 也上市了（圖 6-11-2）。

這些合成方法都已針對舊方法的經濟性、選擇性、廢棄物處理、製作容易度等方面，予以改善了。而且，以芳香族羧酸作為二羧酸，所製造出來的醯胺纖維，是強度非常高的纖維，已實際應用在生活中（圖 6-11-3）。

圖 6-11-1　尼龍的一般表示方式

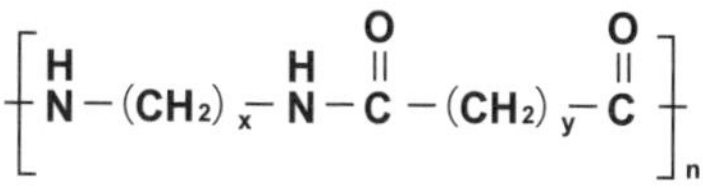

$$\left[\overset{H}{N}-(CH_2)_x-\overset{H}{N}-\overset{O}{\overset{\|}{C}}-(CH_2)_y-\overset{O}{\overset{\|}{C}} \right]_n$$

若 x=6，y=4 為尼龍 66

圖 6-11-2　尼龍 6

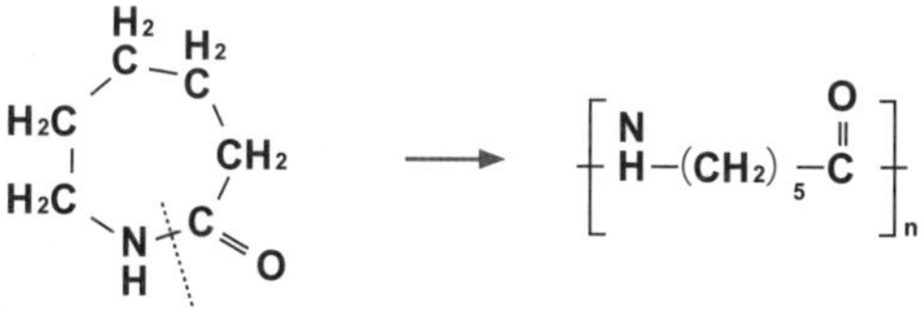

$$\text{(ring: } H_2C-CH_2-CH_2-CH_2-CH_2-C(=O)-NH\text{)} \longrightarrow \left[NH-(CH_2)_5-\overset{O}{\overset{\|}{C}} \right]_n$$

圖 6-11-3　醯胺纖維

$$\left[\overset{O}{\overset{\|}{C}}-C_6H_4-\overset{O}{\overset{\|}{C}}-\overset{H}{N}-C_6H_4-\overset{H}{N} \right]_n$$

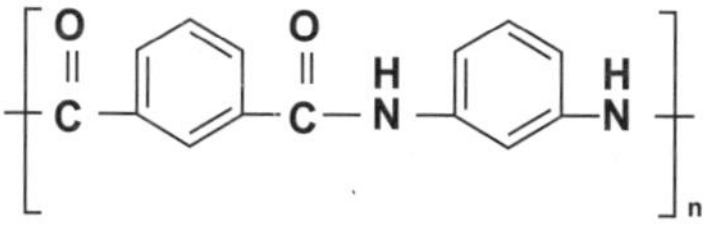

異酞酸的部分　　間苯二胺的部分

6-12 為什麼寶特瓶可做成刷毛布料？——兩者都是聚酯

縮合聚合反應製造的合成纖維還包括**聚酯**。作為塑膠容器而廣為人知的寶特瓶材料 **PET**，基本上也是以酯鍵連接而成的聚酯，在羧酸和乙醇構成酯鍵的過程中也會發生脫水縮合反應。如右頁所示，苯二甲酸與乙二醇若多次重複這種脫水縮合反應，就會形成聚合物。因為它是由酯鍵所形成的聚合物，所以稱為聚酯。

聚酯也是代表性的纖維，具有就算經過清洗，折線也不會消失、不易形成皺褶的優點。不過它因為不具吸水性，所以比較適合做成外衣。聚酯用於塑膠的需求量很大，如飲料的容器（寶特瓶）等。

PET 是聚酯的別名，英文為 PolyEthylene Terephthalate。在聚酯結構中，由於對苯二甲酸有苯環，能吸收紫外線，因此可維持瓶裝飲料的品質。

聚乙烯這種加成聚合的聚合物，以及尼龍和聚酯這種縮合聚合的聚合物，都會因加熱而軟化，可以進行加工，擠成絲狀來紡紗，以及嵌入成型等。一般我們將聚合物軟化的性質稱作**可塑性**。因此，加熱就會軟化的特性稱為**熱塑性**。

寶特瓶真是便利！

大家知道寶特瓶回收再生的聚酯，可以做成刷毛布料嗎？
喔！難得我也知道呢！
我和黑兔都會一起做垃圾回收！

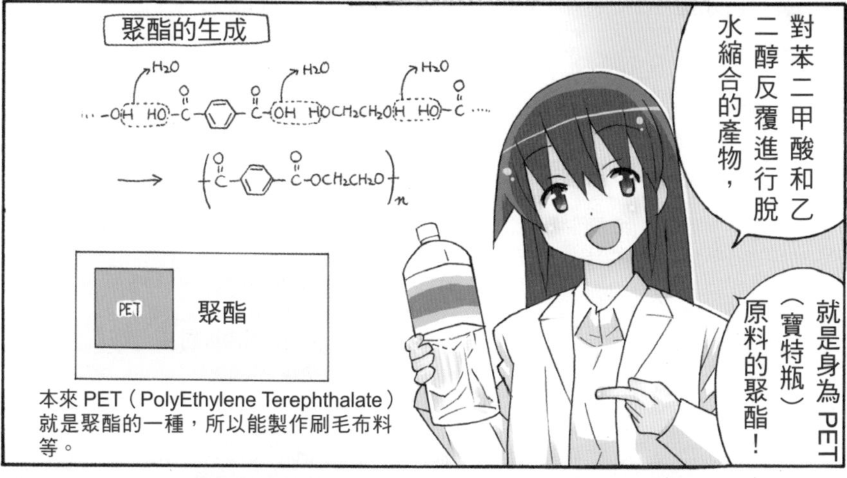
對苯二甲酸和乙二醇反覆進行脫水縮合的產物，
就是身為 PET（寶特瓶）原料的聚酯！
聚酯的生成
H_2O
PET
聚酯
本來 PET（PolyEthylene Terephthalate）就是聚酯的一種，所以能製作刷毛布料等。

聚酯做的刷毛布料好溫暖啊！
暖烘烘

幫黑兔取暖一下吧！
雖然我很高興但又好難受……但還是好高興！
緊
好好哦

6-13 有耐熱的塑膠嗎？
——苯酚樹脂具有耐熱性

之前介紹的多種塑膠（合成高分子化合物），它們的共通點是具有熱塑性。然而，有一些塑膠加熱反而會變硬，其中，以苯酚樹脂為代表。我們來瞧瞧**這群加熱就變硬的塑膠**吧！

苯酚樹脂、尿素甲醛樹脂（尿素樹脂、碳醯胺樹脂）、三聚氰胺樹脂等，皆用於有耐熱需求的用途。而這三者皆是藉由加熱脫水（脫水縮合反應）的方式，變成高分子化合物的，其中，苯酚樹脂是由苯酚和甲醛反應而得（**圖 6-13-1**），尿素甲醛樹脂是由尿素（尿素甲醛或碳醯胺）和甲醛反應而得（**圖 6-13-2**），三聚氰胺樹脂則是由三聚氰胺這種化合物（**圖 6-13-3**）與甲醛反應而得。

這些樹脂都是**三維網狀結構**，因此這些聚合物具有**熱固性**。熱固性是指加熱便會接合得更牢固，而變硬。熱固性塑膠比較能耐熱，也不易溶於溶劑，因此廣泛用於餐具、家具與建材等方面。

這些樹脂原料都有用到甲醛，所以苯酚等有機化合物的單體，都會由兩個分子的 R–H（兩個氫原子）與甲醛的 C ＝ O（氧原子）脫去一個水分子，而進行脫水縮合反應。

它們和尼龍與聚酯的脫水縮合反應差在於：苯酚、尿素、三聚氰胺等單體中，有三個位置以上的 R–H（反應性高的氫原子）可以產生反應，當它們形成高分子，便會結合成三維網狀結構，如爬藤般持續增長。

此外，大家都知道，如果家具有微量的甲醛殘留，會產生刺鼻味，並對眼睛和鼻子黏膜造成刺激。這些症狀近年來被稱為**病屋症候群**。

圖 6-13-1 苯酚樹脂

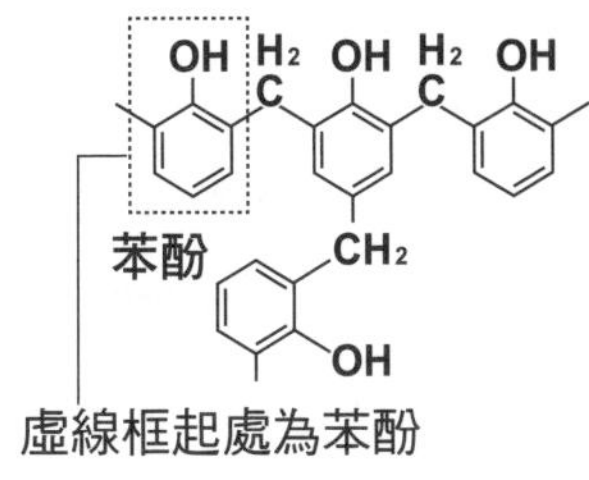

圖 6-13-2 尿素甲醛樹脂

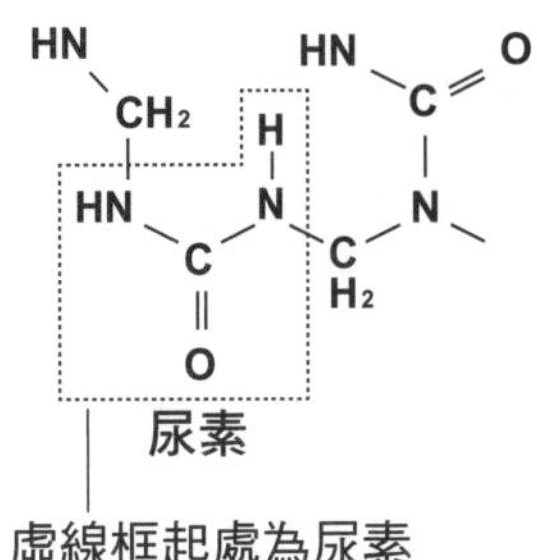

圖 6-13-3 三聚氰胺樹脂

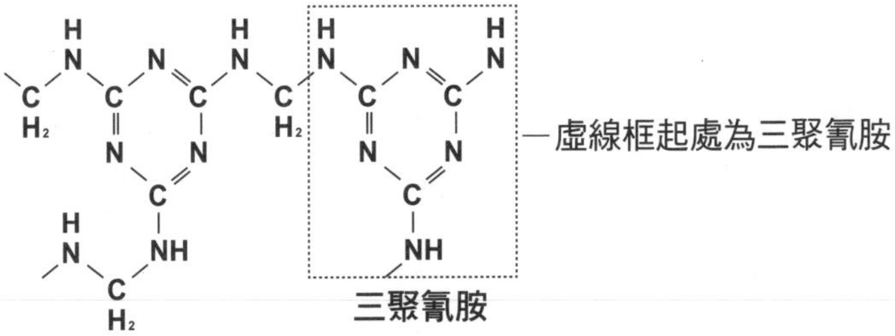

虛線框起處為三聚氰胺

三聚氰胺

6-14 水族館的巨大水槽是用什麼做的？

——兼具高透明度與厚度的丙烯酸樹脂

塑膠支撐著現代生活，我們的身邊充斥著塑膠製品。

在此，我們來介紹幾種重要的塑膠吧，這些塑膠可作為機能性高的新材料。

首先是丙烯酸樹脂。丙烯酸樹脂在許多情況下是指丙烯酸酯樹脂，其中又有多數是指聚甲基丙烯酸甲酯樹脂（PMMA，圖 6-14-1），稱為有機玻璃，是透明性優異的樹脂，可用作光纖有機材料。

水族館的巨大水槽也是藉由這種透明度極高的樹脂，製造出厚度足以承受水壓的玻璃窗。在醫療方面，則是運用它的透明特性，製作隱形眼鏡；在牙科方面，則是可製造假牙和假牙的基座（假牙牙床）。

另外，蛀牙的填充材料經常會使用 bis-GMA（甲基丙烯酸的酯類）的聚合物，bis-GMA 是由雙酚 A 的誘導體與甲基丙烯酸所製成的（圖 6-14-2）。這種樹脂也是一種會與矽和玻璃粒子（填充料）混在一起使用的複合材料（稱為複合樹脂）。蛀牙填起來後，必須藉由過氧化苯甲醯等聚合起始劑，產生化學聚合作用，或是藉由光照射產生光聚合，使樹脂充分固化。

同樣將雙酚 A 視為二元醇，透過碳酸酯鍵形成高分子的產物，即為**聚碳酸酯**（**圖 6-14-3**），所以具有尺寸不易偏差、透明度高、耐衝擊性佳等優異性質。

圖 6-14-1 PMMA

甲基丙烯酸甲酯（聚合物） 聚甲基丙烯酸甲酯（PolyMethyl MethAcrylate: PMMA）

圖 6-14-2 bis-GMA

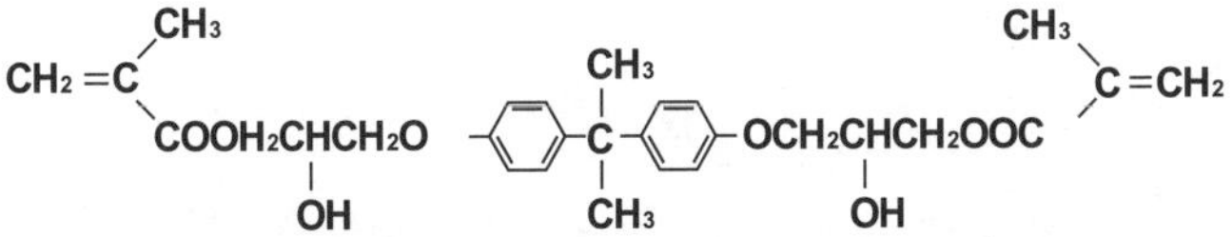

雙酚 A 雙甲基丙烯酸縮水甘油酯

圖 6-14-3 聚碳酸酯

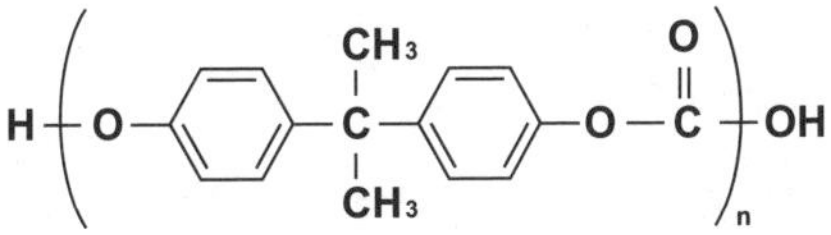

專欄

備受矚目的生物可分解塑膠是什麼？
——塑膠的環保問題1

在大量使用塑膠的現代社會，要如何處置被當作垃圾丟棄的廢棄塑膠，成了非常重要的問題。塑膠雖然也用於需要長時間使用的情況（例如大樓建材與車體原料），但有相當多的塑膠都用於短時間的使用（例如包裝）。

這些塑膠進行焚燒處理，會產生聚氯乙烯等含氯物質、氯化氫以及戴奧辛等有毒物質。另外，即便是聚乙烯這種結構單純、不至於產生有毒氣體的物質，也會因為燃燒的大熱量，而造成焚化爐壽命減短。

塑膠原本就不是存在於自然界的物質，幾乎無法被細菌等微生物以自然的方式分解。大部分的掩埋場都會因為這些塑膠廢棄物，而使容納量漸漸達到上限。

因此，開發出能在適當的環境條件下分解，又符合經濟成本的聚合物，是現在科學家竭力追尋的目標。我們將自然界微生物可分解的塑膠，稱作生物可分解塑膠（綠色塑膠）。

以生物可分解塑膠製作的塑膠袋、薄膜、寶特瓶等包裝材料與製品，只要埋在地下，就能分解成二氧化碳和水。一般來說，生物可分解塑膠是利用天然高分子化合物，或是由乳酸等天然物質來合成的（右頁圖）。

集結各種優點的生物可分解塑膠，得以普及的關鍵就是成本。因為以現況來看，生物可分解塑膠的價格還是比聚乙烯等普通塑膠高出許多。

澱粉和纖維素作為天然物質原料的來源，已經被用作包裝的緩衝材料了。例如，存在於自然界的脂肪族羥基羧酸（乳酸等）的聚酯，就是最近被開發出來，並已開始販售的緩衝材料。

這些物質原本就是天然物質，可以被微生物分解，但因為澱粉也是重要食材，現階段我們仍期待能開發出更有效率的製造技術，可以盡量使用纖維素等無法食用的材料為包材（參照下表）。

圖 聚乳酸和聚丁二酸乙二醇酯的結構式

$$H\left(\begin{matrix}H_3C & O\\ | & \|\\ OCH & C\end{matrix}\right)_n OH \qquad HO\left(\overset{O}{\overset{\|}{C}}CH_2CH_2\overset{O}{\overset{\|}{C}} - OCH_2CH_2O\right)_n OH$$

聚乳酸　　　　聚丁二酸乙二醇酯

兩種都是化學合成的生物可分解塑膠，聚乳酸為硬質類，聚丁二酸乙二醇酯則為軟質類。

表 澱粉和纖維質的特性

澱粉	容易加工為生物可分解塑膠，但屬於不可或缺的食材。
纖維素	不容易加工為生物可分解塑膠，但不是人的食物，所以是相當有前景的資源。

專欄

塑膠的回收方法是什麼？

——塑膠的環保問題 2

日本從二〇〇一年四月開始實行包裝容器塑膠回收標記，以「プラ」字樣搭配四角形的箭頭，旁邊標示「PS」或「PP」等材質。有些地區可能只有回收寶特瓶，而沒有依材料類別對塑膠進行徹底的分類。

塑膠的回收方式有下列幾種：

1 材料回收

回復成加工前的塑膠材料，無化學變化。

例如：溶解寶特瓶，加工成刷毛布料。

2 化學回收

以水解與熱分解方式回復成原料，有化學變化。

例如：將寶特瓶分解成對苯二甲酸，回收再利用。

3 燃油回收

以熱分解等方式回復成油。

可用作燃料油、瓦斯、熔爐還原劑。

4 熱回收

焚燒並利用其熱能。

可用作垃圾發電的燃料。

要將塑膠回復到原料以再次利用，必須先依據塑膠類別來回收，這是很重要的。然而，相較於全新品的原料，再生品的品質劣化好像是不可避免的。

幾乎可以由製品形狀看出使用材料的塑膠，很容易進行分類，例如寶特瓶，但要分類所有家庭廢棄塑膠是不可能的。回收寶特瓶再生成飲料罐的情況目前還相當少見，主要是用作纖維與紙張。

寶特瓶如果用於化學回收，藉由水解酯鍵等方法，即可重新成為對苯二甲酸。也就是說，寶特瓶和水在適當條件下進行反應，就會因為水解而回復成對苯二甲酸。用於食品包裝托盤等用途的聚苯乙烯（發泡聚苯乙烯），可藉由熱分解（化學變化）回復成苯乙烯（單體）。

化學回收與燃料回收的共同課題包括：如何讓被回收的原料與油的回收率提升，分解所產生的副產物要如何處置等。

從 3R（再利用、減量、回收）的觀點來看，減量（藉由包裝簡化等方式進行垃圾減量）與再利用（將寶特瓶洗一洗，再次裝填飲料來販售）等作法都是合理的，但適用的物品可能非常少。我們應該開發範圍更廣、更有效率的回收技術。

「プラ」旁邊標示「PP」字樣，表示此材質屬於聚丙烯；「PE」字樣表示材質屬於聚乙烯；「PS」字樣表示材質屬於聚苯乙烯（聚苯乙烯樹脂）。

索引

十二～十四劃

十五劃以上

國家圖書館出版品預行編目資料

3小時讀通基礎化學 / 左卷健男, 寺田光宏, 山田洋一作 ; 陳怡靜譯. -- 二版. -- 新北市 : 世茂, 2021.09
面； 公分. -- (科學視界 ; 255)
譯自：図解・化学「超」入門：物質の基本がゼロからわかる
ISBN 978-986-5408-61-9(平裝)

1.化學 2.通俗作品

340　　110010888

科學視界255

【新裝版】3小時讀通基礎化學

作　　者 / 左卷健男、寺田光宏、山田洋一
審 訂 者 / 吳學亮
譯　　者 / 陳怡靜
主　　編 / 楊鈺儀
責任編輯 / 石文穎
封面設計 / LEE
出 版 者 / 世茂出版有限公司
地　　址 / (231)新北市新店區民生路19號5樓
電　　話 / (02)2218-3277
傳　　真 / (02)2218-3239（訂書專線）、(02)2218-7539
劃撥帳號 / 19911841
戶　　名 / 世茂出版有限公司
單次郵購總金額未滿500元（含），請加80元掛號費
世茂網站 / www.coolbooks.com.tw
排版製版 / 辰皓國際出版製作有限公司
印　　刷 / 辰皓國際出版製作有限公司
二版一刷 / 2021年9月
二版二刷 / 2023年8月

I S B N / 978-986-5408-61-9
定　　價 / 320元

Notes

Notes

黏貼處

請沿虛線剪下裝訂寄回，謝謝！

讀者回函卡

感謝您購買本書，為了提供您更好的服務，歡迎填妥以下資料並寄回，我們將定期寄給您最新書訊、優惠通知及活動消息。當然您也可以E-mail：service@coolbooks.com.tw，提供我們寶貴的建議。

您的資料（請以正楷填寫清楚）

購買書名：____________________

姓名：__________ 生日：______年____月____日

性別：□男 □女 E-mail：____________________

住址：□□□______縣市______鄉鎮市區______路街
______段______巷______弄______號______樓

聯絡電話：____________________

職業：□傳播 □資訊 □商 □工 □軍公教 □學生 □其他：______

學歷：□碩士以上 □大學 □專科 □高中 □國中以下

購買地點：□書店 □網路書店 □便利商店 □量販店 □其他：______

購買此書原因：___ ___ ___ ___ ___ ___（請按優先順序填寫）
1封面設計 2價格 3內容 4親友介紹 5廣告宣傳 6其他：______

本書評價：___ 封面設計 1非常滿意 2滿意 3普通 4應改進
___ 內　容 1非常滿意 2滿意 3普通 4應改進
___ 編　輯 1非常滿意 2滿意 3普通 4應改進
___ 校　對 1非常滿意 2滿意 3普通 4應改進
___ 定　價 1非常滿意 2滿意 3普通 4應改進

給我們的建議：

黏貼處

電話：(02) 22183277
傳真：(02) 22187539

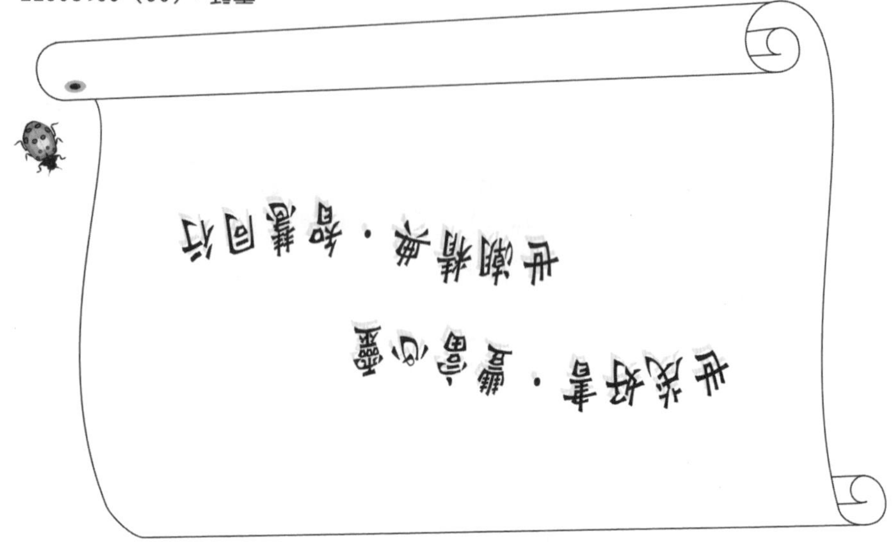

廣告回函
北區郵政管理局登記證
北台字第 9 7 0 2 號
免貼郵票

231新北市新店區民生路19號5樓

世茂
世潮 出版有限公司 收
智富